高等学校教材

物理化学实验

王景霞　张新丽　主编

U0194972

西北工业大学出版社

西 安

【内容简介】 本书分为四部分,第一部分阐述了物理化学实验目的、要求及注意事项、误差理论、实验数据处理等基础知识,第二部分介绍了13个物理化学基础型实验,第三部分介绍了7个提高型实验,第四部分介绍了4个虚拟仿真实验。附录中收录了物理化学实验中的常用数据。

本书可作为高等学校化学化工类、材料类、环境生命类等专业本科物理化学实验课程的教材,也可供相关领域科研人员及工程技术人员阅读参考。

图书在版编目(CIP)数据

物理化学实验 / 王景霞,张新丽主编 . — 西安:
西北工业大学出版社,2022.2
ISBN 978 - 7 - 5612 - 6876 - 6

Ⅰ.①物… Ⅱ.①王…②张… Ⅲ.①物理化学-化学实验-高等学校-教材 Ⅳ.①O64 - 33

中国版本图书馆 CIP 数据核字(2022)第 030951 号

WULI HUAXUE SHIYAN

物 理 化 学 实 验

责任编辑:王玉玲		**策划编辑:**杨 军	
责任校对:朱晓娟		**装帧设计:**李 飞	

出版发行: 西北工业大学出版社

通信地址: 西安市友谊西路 127 号   邮编:710072

电 话: (029)88491757,88493844

网 址: www.nwpup.com

印 刷 者: 陕西奇彩印务有限责任公司

开 本: 787 mm×1 092 mm   1/16

印 张: 8.75

字 数: 224 千字

版 次: 2022 年 2 月第 1 版   2022 年 2 月第 1 次印刷

定 价: 49.00 元

前　言

物理化学实验是化学实验学科的一个重要分支,它是使用物理学的原理、技术、手段、仪器设备,借助于数学运算工具来探讨、分析物质体系的物理化学性质及化学反应规律的一门实践性科学。

近年来,高等教育的主导思想之一是强调学生的个性化培养,如何实现这一目标,是所有高等教育课程需要解决的重要问题。物理化学实验教材作为物理化学实验课程的核心要素,应当在内容编排上立足当前、着眼长远,创新解决物理化学实验课程教学中的热点、难点、重点问题,探索物理化学实验教学新机制、新模式和新举措,切实提高物理化学实验教学培养质量。

本书依据化学化工类、材料类、环境生命类等专业本科物理化学实验的要求,并结合目前高等教育对于学生创新性及个性化的培养要求,参考国内外相关资料,在多年物理化学实验教学经验的基础上编写而成。内容包含物理化学实验的基础知识、基础型实验、提高型实验及虚拟仿真实验四部分,共 24 个实验,由浅入深,由易到难。内容设置的目标是不但要训练学生的动手组装和正确使用仪器设备的基本能力,而且要培养学生自行设计创新实验的能力,从而培养他们全面的科学素养和创新能力。

全书共分四部分,其中第一部分及第二部分的实验二、实验八、实验十二、实验十三由张新丽编写,第二部分实验一、实验十及第三部分实验十五、实验十九由尹常杰编写,第二部分实验三、实验四、实验五、实验七、实验九、实验十一,第三部分实验十六、实验十七、实验十八及第四部分全部实验和附录由王景霞编写,第三部分实验十四、实验二十由王欣编写。胡小玲负责提出编写要求及详细的修改提纲;王景霞、张新丽负责全书的统稿工作。苏克和对本书的编写提出了许多有益的建议和指导意见,特致以衷心的感谢。

编写本书曾参阅了相关文献、资料,在此,谨向其作者深表谢意。

由于笔者水平有限,书中的缺点和疏漏在所难免,恳请各位同仁和读者批评指正。

编　者

2021 年 9 月

目　　录

第一部分
物理化学实验的基础知识

一、物理化学实验目的、要求及注意事项

(一)实验目的

物理化学实验是继普通化学、无机化学、分析化学和有机化学等实验课后的基础实验课，又是一门基础化学实验课，其主要目的如下：

(1)学习物理化学的研究方法，学习物理化学实验中的某些实验技能，巩固基础实验课所学技能，培养根据所学原理设计实验、选择和使用仪器的能力；

(2)训练观察现象、正确记录数据、用作图法及用计算机处理实验数据、运用所学理论和实验课所学知识综合判断实验结果的可靠性及分析主要误差来源等方面的能力；

(3)验证物理化学主要理论的正确性，巩固和加深对这些理论的理解；

(4)培养严肃、认真的科学态度和严格、细致的工作作风。

(二)实验要求

(1)实验前必须认真预习。阅读实验教材内容及有关附录，掌握实验所依据的基本理论，明确需要进行测量、记录的数据，了解所用仪器的性能和使用方法，思考实验内容后面提出的问题，做好预习报告。预习报告包括实验目的、简单原理、所用的基本公式及公式中各物理量的意义和单位、原始数据记录表格及实验操作要点。

(2)实验时要认真操作。严格控制实验条件，仔细观察实验现象，按照要求详细记录原始数据。实验完毕离开实验室前，原始数据记录必须交给指导教师审阅、签字。

(3)实验后认真撰写实验报告。实验报告内容包括实验目的、实验设计基本原理及方法简述、原始数据、数据处理及误差计算(附所作的图、打印的计算机程序及运算结果)、实验讨论。实验讨论部分主要结合实验现象及发现的问题，讨论误差的主要来源，对实验中发现的某些现象作出解释，提出对实验方法、使用的仪器及操作方法的改进意见。本书中列出的思考题为启发思考用，可对其中个别问题进行讨论，不应以简单回答各问题代替较深入的讨论。

实验报告必须个人独立完成。预习报告与实验报告一并上交。

(三)实验注意事项

(1)按时进入实验室进行实验，爱护实验仪器设备，不清楚仪器的使用方法时不得乱动仪器。

(2)仪器设备安装完毕或连接线路后，必须经教师检查合格后，才能接通电源，开始实验。

(3)要按实验规定使用仪器，以免损坏。未经教师允许，不得擅自改变操作方法。实验中仪器出现故障应及时报告教师，在教师知情下进行处理。

(4)数据记录应及时、准确、完整、整齐。全部数据要记在预习报告表格内，不得任意写在其他地方。

(5)仪器破损须及时报告教师，进行登记，按学校有关规定处理。实验完毕应按规定将所用仪器设备洗刷干净，摆放整齐。

(6)注意实验室用电、防火、防爆、防毒等方面的安全。在实验室内不得吸烟、大声喧哗及打闹。每次实验完毕，每位学生负责打扫实验桌面及周围地面卫生，值日生负责打扫全实验室卫生。

二、误差理论概述

(一)基本概念

在实验研究工作中,一方面要研究实验方案,选择适当的测量方法进行各物理量的直接测量;另一方面还必须由直接测量值计算一些间接测量值,将所得数据加以整理归纳,以寻求被研究的变量间的规律。不论是测量工作还是数据处理工作,掌握正确的误差概念是十分必要的。应该说,一个实验工作者具有正确表达实验结果的能力和具有精细进行实验工作的本领,是同等重要的。下面简单介绍有关误差的基本概念。

1.系统误差

系统误差是由一定原因引起的。它对测量结果的影响是固定的或是有规律变化的。它使测量结果总是偏向一方,即总是偏大或偏小。这类误差的数值或基本不变,或按一定规律变化。因此,在多数情况下,它们对测量结果的影响可以用修正值来消除。

系统误差按产生原因的不同可分为以下几种:

(1)仪器误差。这是由仪器结构上的缺陷引起的误差,如天平砝码不准确,气压计的真空度不够,仪器示数部分的刻度划分不够准确,等等。这类误差可以用标定的方法加以校正。

(2)试剂误差。这是在化学实验中所用试剂纯度不够而引起的误差。在某些情况下,试剂所含杂质可能给实验结果带来严重的影响。消除这类误差的方法是换用纯度合乎要求的试剂。

(3)方法误差。这是由于实验方法的理论依据有缺点而引起的误差。例如,根据理想气体状态方程测定相对分子质量时,由于实际气体相对于理想气体有偏差,所以所求的相对分子质量也有误差。只有用多种方法测得同一数据相一致时,才可认为方法误差已基本消除,测得结果是可靠的。如元素相对原子质量总是靠采用多种方法测定而确定的。

(4)个人误差。这是由于观测者的习惯和特点而引起的误差。如记录某一信号的时间总是滞后,读取仪器指示值时眼睛位置总是偏向一边,判定滴定终点的颜色每个人不同,等等。

(5)环境误差。这是由于实验过程中外界温度、压力、湿度等变化而引起的误差。使用恒温槽可以减小由于环境温度变化所引起的误差。但事实上恒温槽的温度并不恒定,而且传热的温差总是存在的,完全消除环境温度的影响是做不到的。同样,完全消除环境压力、湿度等影响也是不可能的。

因为系统误差的数值可能比较大,所以必须消除系统误差的影响,才能有效地提高测量的精度。实验工作者的重要任务之一就是发现系统误差的存在,找出系统误差的主要来源,选择有效的消除系统误差的方法。一般可用消除产生系统误差的来源或用一定方法对测量值进行修正等办法减小或消除系统误差。

2.偶然误差

即使系统误差已被修正,在同一条件下对某一个量进行重复观测时,多次测量值之间仍会存在微小的差异。这些差异是由一些暂时未能掌握的或不便掌握的微小因素所引起的,这类误差称为偶然误差。这类误差的出现没有确定的规律,即前一误差出现后,不能预料下一个测量误差的大小和方向,但就其总体而言,具有统计规律性。

若对一个物理量 S 做了多次的测量,将测量结果在每一个测量范围 $S_i \sim (S_i + \Delta S)$ 中出

现的次数 ΔN_i 对 S_i 作图,得图 1-1 中的直方图。当测量次数足够多,ΔS 值足够小时,可得一条曲线。如果系统误差已被消除,则曲线的最高点对应的 $S_i = S_0$ 为真值。由图 1-1 看出:

(1)同样大小的正误差和负误差的出现次数相等;

(2)测量结果中误差小的值出现次数多,而误差大的值出现次数少。

偶然误差的这种分布称为正态分布。多数测量的偶然误差是服从这种规律的。正是由于偶然误差中出现正、负误差的机会相同,所以人们常用多次测量结果的算术平均值作为最接近真值的测量结果。

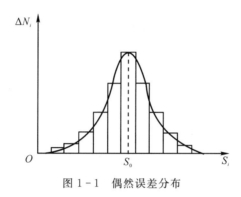

图 1-1 偶然误差分布

3.过失误差

实际上过失误差是实验者犯错误引起的偏差,如读错或写错数据。若在实验中发现过失,应及时将其实验结果弃去,重新测量。

系统误差和过失误差是可以设法消除或减小的,而偶然误差则不能消除。因此最佳的实验结果应仅含有微小的偶然误差。

4.精度

精度是反映测量结果与真值接近程度的量。它与误差的大小相对应:误差大,精度低;误差小,精度高。由于任何实验测量值都无法消除全部误差,所以一般情况下实验测量的真值是不能得到的,常用多次测量结果的算术平均值或用文献手册所载的公认值代替真值。

精度有以下三种描述:

(1)准确度(正确度)。它反映由系统误差引起的测量值与真值的偏离程度。系统误差愈小,测量结果的准确度愈高。

(2)精密度。它反映同一物理量多次测量结果的彼此符合程度,反映了偶然误差的影响。偶然误差愈小,测量值彼此愈符合,则精度愈高。精密度的大小还反映了测量结果的有效数字位数多少(与所用测量仪器的分辨能力有关)。如果测量结果的重复性好,且有效数字位数多,则可以认为精密度高。

(3)精确度。它反映由系统误差和偶然误差共同引起的测量值对真值的偏离程度。测量值对真值偏差愈小,测量值的精确度愈高。

对于具体的测量,精密度高的测量结果准确度不一定高,准确度高的测量结果精密度也不一定高,而高的精确度就必须由高的精密度和高的准确度来保证。

图 1-2 所示的打靶结果就表示了这样三种情况:

（1）系统误差大,而偶然误差小,即精密度高,准确度低,如图1-2(a)所示。

（2）系统误差小,而偶然误差大,即准确度高,精密度低,如图1-2(b)所示。

（3）系统误差和偶然误差都小,即精确度高,如图1-2(c)所示。

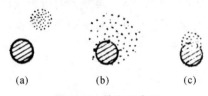

图1-2 精度示意图

5.测量的绝对误差和相对误差

对于物理量的测量,绝对误差是测量值与真值间的差异,相对误差是绝对误差与真值之比,即

$$绝对误差＝测量值－真值$$

$$相对误差＝\frac{绝对误差}{真值}$$

绝对误差的单位与测量值相同,相对误差是无因次量。对于同一量的测量,绝对误差可以评定其测量精度的高低。而对于不同量的测量,只能采用相对误差来评定才较为确切。

6.测量的标准误差

由于偶然误差的存在,对同一量值进行多次等精度的重复测量结果中,每个测量值一般都不相同,它们围绕着这组测量结果的算术平均值有一定的分散,这个分散程度说明了单次测量值的不可靠性,故有必要找一个数值作为这组测量值不可靠性的评定标准。

若对一真值为 S_0 的物理量做了 N 次测量。在消除系统误差后,N 次测量结果分别为 S_i（$i=1,2,3,\cdots,n$）,其中每个测量值的绝对误差为 $\delta_i=S_i-S_0$。设误差在每个误差范围 $\delta_i\sim$（$\delta_i+\Delta\delta$）中出现的次数为 ΔN_i。当测量次数趋于无限大（$N\rightarrow\infty$）,区间划分无限窄（$\Delta\delta\rightarrow$ dδ）时,$P=\Delta N_i/N$ 代表误差落在 $\delta_i\sim$（$\delta_i+\Delta\delta$）范围之内的概率。在此条件下,以 $y=\dfrac{\Delta N}{N\Delta\delta}$ 为纵坐标,δ 为横坐标,可以得到图1-3中的曲线。y 称为概率密度,它是误差 δ 的函数。

图1-3所示的曲线称为偶然误差的正态分布曲线。

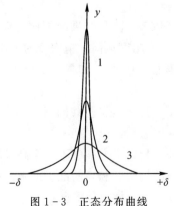

图1-3 正态分布曲线

1795 年,高斯(Gauss)找出正态分布曲线的函数形式为

$$y = \frac{1}{\sigma\sqrt{2\pi}} \, e^{-(x-u)^2/2\sigma^2} \qquad (1-1)$$

式(1-1)称为高斯误差定律,又称为标准正态分布的概率密度函数。

式(1-1)中,σ 为均方根误差,称为标准误差,有

$$\sigma = \sqrt{\frac{1}{N}\sum_i \sigma_i^2} \qquad (1-2)$$

式中,N 为总的测量次数。可以证明,$\pm\sigma$ 为标准正态分布曲线上两个拐点的横坐标。由式(1-1)可知:σ 值愈小,e 的指数的绝对值愈大,则 y 随 δ 的绝对值的增大而减小得愈快,即曲线变陡,而且 σ 值愈小,$\delta = 0$ 时的 y 值愈高;反之,σ 值愈大,分布曲线愈平坦,y 的最小值愈小。图 1-3 中 3 条分布曲线不同,其标准误差也不同,具体为 $\sigma_1 < \sigma_2 < \sigma_3$。

标准误差 σ 的数值小,该测量中误差小的测量值出现的概率大,测量可靠性大,即测量精度高,如图 1-3 曲线 1 表示的情况。因此,上述定义的标准误差可以作为单次测量不可靠性的评价标准。

应该注意,标准误差不是一个具体误差,而是说明在一定条件下等精度测量系列中偶然误差出现的概率分布情况。

高斯误差定律是指无限多次测量中的误差分布规律。在无限多次测量中,测量结果的算术平均值 $\overline{S_i}$ 等于真值 S_0(消除系统误差后)。而实际测量次数是有限的,$\overline{S_i} \neq S_0$。令 $S_i - \overline{S_i} = d_i$($d_i$ 称为剩余误差),$d_i = \delta_i$。可以证明标准误差可用下式求得,这是实际应用的标准误差计算式,即

$$\sigma = \sqrt{\frac{1}{N-1}\sum_i d_i^2} \qquad (1-3)$$

可把某一量的等精度多次测量值表示为 $\overline{S_i} \pm \sigma$,$\overline{S_i}$ 为算术平均值(作为测量结果),$\pm\sigma$ 表示测量精度。

7.可疑观测值的舍弃

通常在一组测量中很容易发现某一测量值与其他测量值相差甚远,它对平均值将产生较大影响。除了有充分理由说明此测量值是由于过失造成外,不应随意舍去测量值,而应从误差理论出发判别其取舍。

根据偶然误差的正态分布规律,在某一测量系列中,出现某一测量值的剩余误差($S_i - \overline{S_i}$)落在 $\pm 3\sigma$ 以外的概率约为 0.3%。因此,如果个别测量值的剩余误差绝对值大于 3σ,则认为其属于过失误差,可以舍弃。

另一种舍取方法为,先略去可疑测量值,计算其余各测量值的平均值和每个值的剩余误差 d_i,再计算平均误差 ε,则有

$$\varepsilon = \frac{1}{N}\sum_i |d_i| \qquad (1-4)$$

如果可疑测量值与此平均值的偏差 d 大于或等于 4 倍平均误差,即 $|d| \geqslant 4\varepsilon$,则此可疑观测值可以舍弃,因为按正态分布,出现这样观测值的概率大约只有 0.1%。

8.有效数字

任何直接或间接测量值的有效数字都说明其精度,一般最后一位有效数字为可疑数字,前

面各位均为可靠数字。因此,在读取记录实验数据或进行实验数据处理时,正确取舍有效数字是十分重要的。

一个数从左边第一位不为零的数字至最后一位数字称有效数字。一般情况下,数中小数点位于有效数字之间或最后时,可直接表示,否则用科学记数法表示,科学记数法的 10^n 不是有效数字。

读取直接测量值时,根据测量仪器示数部分的刻度读出数值的可靠数字,再由刻度间估计一位可疑数字。如某个温度测量值为 12.0℃,表示它是用 1℃分度温度计测量的,最后一位"0"是根据水银柱在刻度间的位置估计的;而 12.00℃是用 0.1℃分度温度计测量的,可以认为其读数误差为±0.01℃或±0.02℃。

在数值运算中,有效数字的保留规则简述如下。

(1)加减运算:运算结果只保留一位可疑数字,第二位可疑数字四舍五入,后面各位舍弃。例如:

$$19.3(5)+3.24(5)-20.1(0)= 2.4(9)$$

取 2.50,式中括号内数字为可疑数字。

(2)乘除运算:计算结果有效数字位数与各因数中有效数字位数最少者相同。如果因数中有效数字位数最少者的首位数字大于或等于 8 时,计算结果可多取一位有效数字。例如:

$$\frac{5.32 \times 2.3}{28.00} = 0.44$$

$$\frac{2.430 \times 0.060\,1}{8.1} = 1.80 \times 10^{-2}$$

(3)对数及指数运算:对数尾数的有效数字位数应与真数的有效数字位数相同,例如:

$$\lg 401.2 = 2.603\,2$$

$$e^{32.46} = 1.3 \times 10^{14}$$

(4)在多步计算中,对于运算中间值,通常比原应有的有效数字多保留一位,以免四舍五入对最终结果影响太大。最终结果应按上述规则只保留应有的有效数字。

(5)计算平均值时,对参加平均的数在 4 个以上者,平均值的有效数字多取一位。

(6)计算式中的常数,如圆周率、通用气体常数、阿佛加德罗常数或单位换算系数等,取的有效数字应较式中各物理量测量值的有效数字位数多一位以上,以减少由于常数取值不当带来的误差。

(7)表示误差的数值有效数字最多为两位,测量值的末位数与绝对误差的末位数要对应。例如 $237.46 \pm 0.13, (1.234 \pm 0.009) \times 10^{-5}$。

(二)误差分析

1.间接测量中误差的传递

在实验中有些物理量是能够直接测量的,而有些物理量则不能直接测量。对于不能直接测量的物理量,必须根据一些直接测量值,通过一定的公式计算而得到。这样,直接测量值的误差就决定了间接测量值的误差。误差的传递就是讨论间接测量值误差与直接测量值误差间的关系的。

设有函数 $N = f(x, y, z, \cdots)$。其中 $x, y, z, \cdots$ 为各直接测量值。设测量它们时其绝对误差分别为 $\Delta x, \Delta y, \Delta z, \cdots$。$\Delta N$ 代表由这些绝对误差引起的 N 的绝对误差。

为求 N 的相对误差,先取 N 的对数,则有

$$\ln N = \ln f(x,y,z,\cdots)$$

再取微分,则有

$$\mathrm{d}\ln N = \mathrm{d}\ln f(x,y,x,\cdots)$$

$$\frac{\mathrm{d}N}{N} = \frac{\mathrm{d}f(x,y,z,\cdots)}{f(x,y,z,\cdots)}$$

$$\mathrm{d}f(x,y,z,\cdots) = \frac{\partial N}{\partial x} \cdot \mathrm{d}x + \frac{\partial N}{\partial y} \cdot \mathrm{d}y + \frac{\partial N}{\partial z} \cdot \mathrm{d}z + \cdots$$

$$\frac{\mathrm{d}N}{N} = \frac{1}{f(x,y,z,\cdots)}\left(\frac{\partial N}{\partial x} \cdot \mathrm{d}x + \frac{\partial N}{\partial y} \cdot \mathrm{d}y + \frac{\partial N}{\partial z} \cdot \mathrm{d}z + \cdots\right)$$

设各直接测量值及间接测量值的绝对误差很小,可代替它们的微分,并考虑到各误差可正可负,为求最大误差,取各误差的绝对值:

$$\Delta N = \left|\frac{\partial N}{\partial x}\right| \cdot |\Delta x| + \left|\frac{\partial N}{\partial y}\right| \cdot |\Delta y| + \left|\frac{\partial N}{\partial z}\right| \cdot |\Delta z| + \cdots \tag{1-5}$$

$$\frac{\Delta N}{N} = \frac{1}{f(x,y,z,\cdots)}\left(\left|\frac{\partial N}{\partial x}\right| \cdot |\Delta x| + \left|\frac{\partial N}{\partial y}\right| \cdot |\Delta y| + \left|\frac{\partial N}{\partial z}\right| \cdot |\Delta z| + \cdots\right) \tag{1-6}$$

式(1-5)、式(1-6)分别为计算间接误差测量值的最大绝对误差及相对误差的普遍公式。下述介绍一些简单函数关系的相对误差计算公式。

(1)加减法 $N = x + y$。对该式取对数,再微分,并用直接测量值 x,y 的绝对误差代替微分,得出最大相对误差:

$$\frac{\Delta N}{N} = \frac{|\Delta x| + |\Delta y|}{x \pm y} \tag{1-7}$$

(2)乘法 $N = xyz$。其最大相对误差为

$$\frac{\Delta N}{N} = \left|\frac{\Delta x}{x}\right| + \left|\frac{\Delta y}{y}\right| + \left|\frac{\Delta z}{z}\right| \tag{1-8}$$

(3)除法 $N = x/y$。其最大相对误差为

$$\frac{\Delta N}{N} = \left|\frac{\Delta x}{x}\right| + \left|\frac{\Delta y}{y}\right| \tag{1-9}$$

(4)乘方与开方 $N = x^n$。其最大相对误差为

$$\frac{\Delta N}{N} = n\left|\frac{\Delta x}{x}\right| \tag{1-10}$$

(5)对数 $N = \ln x$。其最大相对误差为

$$\frac{\Delta N}{N} = \left|\frac{\Delta x}{x \ln x}\right| \tag{1-11}$$

2.误差分析

在物理化学实验的测定工作中,绝大多数情况是测定间接测量值。为设计一个合理的实验方案及鉴定实验的质量,需要进行误差分析。误差分析的基本任务在于查明直接测量的误差对间接测量结果的影响,找出影响间接测量值精确度的主要来源,以便选择适当的实验方法,合理配置测量仪器,寻求测量的有利条件等。

误差分析仅限于对间接测量结果的最大可能误差的估计,因此,它是从各直接测量值的最

大误差出发进行误差传递计算的。当系统误差已经改正(如仪器已做过校正),操作足够精密、正确时,通常可用仪器的读数精确度来表示直接测量误差的最大值,如分析天平是 $\pm 0.000\,1$ g,50 cm² 滴定管是 ± 0.02 cm²,贝克曼温度计是 ± 0.002℃,等等。但也有不少例子可以说明有时操作控制精确度、仪器本身性能与读数精确度不符。如有的恒温槽由于控制器性能限制,温度涨落为 ± 0.5℃,而测温的温度计读数精度为 ± 0.02℃,这时温度测量的误差应取 ± 0.5℃。

为求间接测量的最大误差,在进行误差传递计算中,各直接测量误差均取绝对值。下述通过实例说明误差分析的具体方法。

例 1　以苯为溶剂,用凝固点降低法测定萘的摩尔质量 M 时,用下式计算结果:

$$M = \frac{1\,000\,K_f \cdot g}{g_0(t_0 - t)}$$

式中:t_0 为溶剂凝固点;t 为溶液凝固点;g_0 为溶剂质量;g 为溶质质量;K_f 为凝固点降低常数,用苯作溶剂时,$K_f = 5.12$。

对此公式取对数:

$$\ln M = \ln(1\,000\,K_f) + \ln g - \ln g_0 - \ln(t_0 - t)$$

取微分:

$$\mathrm{d}\ln M = \mathrm{d}\ln g - \mathrm{d}\ln g_0 - \mathrm{d}\ln(t_0 - t)$$

$$\frac{\mathrm{d}M}{M} = \frac{\mathrm{d}g}{g} - \frac{\mathrm{d}g_0}{g_0} - \frac{\mathrm{d}t_0 - \mathrm{d}t}{t_0 - t}$$

可得

$$\left|\frac{\Delta M}{M}\right| = \left|\frac{\Delta g}{g}\right| + \left|\frac{\Delta g_0}{g_0}\right| + \left|\frac{\Delta t_0}{t_0 - t}\right| + \left|\frac{\Delta t}{t_0 - t}\right|$$

测量数据按表 1-1 所列取值。

表 1-1　测量数据

被测定量	测量值	测量仪器	仪器精确度
溶质质量/g	$g = 0.147\,2$	分析天平	$\pm 0.000\,1$
溶剂质量/g	$g_0 = 0.147\,2$	工业天平	± 0.05
溶剂凝固点/℃	$t_0 = \begin{cases} 5.801 \\ 5.790 \\ 5.802 \end{cases}$	贝克曼温度计	± 0.002
溶液凝固点/℃	$t = \begin{cases} 5.500 \\ 5.504 \\ 5.495 \end{cases}$	贝克曼温度计	± 0.002

由于测定凝固点的操作条件难以控制,为了提高测量精确度采用多次测量。称重的精度一般都较高,只进行一次测量。

溶剂凝固点用贝克曼温度计测量 3 次,结果的平均值为

$$t_0 = \frac{5.801 + 5.790 + 5.802}{3} = 5.797℃$$

各次测量的偏差为

$$\Delta t_{0,1} = 5.801 - 5.797 = +0.004℃$$

$$\Delta t_{0,2} = 5.790 - 5.797 = -0.007℃$$

$$\Delta t_{0,3} = 5.802 - 5.797 = +0.005℃$$

平均误差为

$$\Delta t_0 = \frac{0.004 + 0.007 + 0.005}{3} = \pm 0.005℃$$

用同样方法计算得，溶液凝固点三次测量结果的平均值为

$$t = 5.500℃$$

平均误差为

$$\Delta t = \pm 0.003℃$$

因为

$$t_0 - t = 5.797 - 5.500 = 0.297℃$$

则有

$$\Delta(t_0 - t) = |\Delta t_0| + |\Delta t| = \pm(0.005 + 0.003) = \pm 0.008℃$$

$$\frac{\Delta M}{M} = \pm\left(\frac{0.000\,1}{0.147\,2} + \frac{0.05}{20.00} + \frac{0.008}{0.297}\right)$$

$$= \pm(6.8 \times 10^{-4} + 2.5 \times 10^{-3} + 2.7 \times 10^{-2})$$

$$= \pm 0.030$$

$$M = \frac{1\,000 \times 5.12 \times 0.147\,2}{20.00 \times 0.297} = 127\ \text{g} \cdot \text{mol}^{-1}$$

$$\Delta M = 127 \times 0.030 = 3.8\ \text{g} \cdot \text{mol}^{-1}$$

故间接测量结果可写成

$$M = (127 \pm 4)\ \text{g} \cdot \text{mol}^{-1}$$

从直接测量的误差来看，最大的误差来源是温度差的测量，而温度差测量的相对误差则取决于测温的精确度及温差的大小，测温的精确度受温度计精确度及操作技术条件的限制。增加溶质加入量，可使溶液凝固点下降值增大，即可增大温差，减少测量温差的相对误差。但由于用凝固点下降法测摩尔质量的公式适用于稀溶液范围，提高溶质浓度会增加另一系统误差——方法误差，所以可在方法允许范围内适当地增加溶质用量，以减小温差测量的相对误差。

可以看出：溶剂用量较大，使用工业天平的相对误差不大；对溶质，则因其用量较少，必须使用分析天平称量。

需要再次指出，只有当测量的操作控制精确度与仪器读数精确度相符时，才能以仪器读数精确度代表测量的最大误差。贝克曼温度计读数精确度为 $\pm 0.002℃$，但例1中测定温差的最大误差可达 $\pm 0.008\,2℃$，就是很好的例证。

例 2 在化学动力学中按下式计算一级反应速率常数：

$$k = \frac{1}{t}\ln\frac{a}{a-x}$$

式中：k 为反应速率常数；a 为反应物的初始浓度；x 为经过时间 t 被反应掉的反应物浓度。

反应速率常数的相对误差按下式计算，即

$$\frac{\Delta k}{k} = \left|\frac{\Delta t}{t}\right| + \frac{1}{\ln\frac{a}{a-x}}\left(\left|\frac{\Delta a}{a-x}\right| + \left|\frac{\Delta x}{a-x}\right| + \left|\frac{\Delta a}{a}\right|\right)$$

在反应初期,上式右侧第一项分母很小,时间测量的相对误差对函数误差起主要作用。随反应时间延长,反应物转化率增加,时间测量的相对误差逐渐减小,上式右侧第二项却由于 $(a-x)$ 值变小,浓差测量的相对误差逐渐增大。由此可见,在反应动力学实验的初期和末期误差都可能较大,但误差的主要来源却是不同的。

以上讨论的是已知直接测量误差,再计算间接测量值的可能最大误差。下面讨论如果事先对间接测量值的相对误差提出了要求,则对各直接测量误差应如何要求。这方面讨论的目的在于指导我们如何正确地选择测定仪器。

例 3 计算圆柱形体积公式为

$$V = \pi r^2 h$$

今欲使体积测量的误差不大于 1%,即 $\Delta V/V = \pm 1\%$,则对 r, h 的测量精确度应如何要求?

通常把各直接测量误差对间接测量所传播的误差当作是相等的,即按"等传播原则"来确定各直接测量的相对误差,则有

$$\frac{\Delta V}{V} = \pm \left(2 \left| \frac{\Delta r}{r} \right| + \left| \frac{\Delta h}{h} \right| \right) = \pm 0.01$$

可得

$$2 \frac{\Delta r}{r} = \frac{\Delta h}{h} = \pm \frac{1}{2} \times 0.01 = \pm 0.005$$

$$\frac{\Delta r}{r} = \pm 0.002\,5 = \pm 0.25\%$$

$$\frac{\Delta h}{h} = \pm 0.005 = \pm 0.5\%$$

若经测量已知 $h = 5$cm, $r = 1$cm,则

$$\Delta r = \pm 0.002\,5 \times 10 = \pm 0.025 \text{ mm}$$

$$\Delta h = \pm 0.005 \times 50 = \pm 0.25 \text{ mm}$$

由此可见,对 r 绝对误差的要求要比对 h 的要求高 10 倍。由讨论结果得出,圆柱体高 h 的测量应该用游标卡尺,而圆柱体直径 r 的测量应该用螺旋测微尺。

三、实验数据处理

实验数据表示法通常有列表法、图形法和方程式法 3 种,这 3 种方法各有优缺点。同一组数据,不一定同时都用这 3 种方法表示,表示方法主要依靠经验及理论知识去选择。随着计算技术的发展,方程式表示法的应用更加广泛,但列表法及图形法仍是必不可少的手段。

(一)实验数据列表表示法

测量至少包括两个变量,一个自变量,一个因变量。列表法就是将一组实验数据中的自变量、因变量的各个数值依一定的形式和顺序一一对应列出。列表法的优点是:简单易作,形式紧凑,同一表内可以同时表示几个变量间的变化而不混乱;数据易于参考比较,数据表达直接,不引入处理误差;未知自变量、因变量之间函数关系式也可列出。

实验数据列表一般以函数式表的形式表达。函数式表的主要特征是:自变量 x 与因变量 y 的各个对应值,均在表中按 x 的增大或减小的顺序一一列出。一个完整的函数式表,应包括表的序号、名称、项目、说明以及数据来源等 5 项。

表的名称应简明扼要,一看即知其内容。如遇表名过简,不足以说明其原意,则在名称下面或表下附以说明,并注出数据来源。表的项目应包括变量名称及单位,一般在不加说明即可了解的情况下,应尽量用符号代表。表内数值的写法应注意整齐统一。数值为零时记为 0,数值空缺时记为"—"。同一竖列的数值,小数点应上下对齐。测量值的有效数字取决于实验测量的精度,记至第一位可疑数字。理论计算的数值,可认为有效数字无限制,而列表中有效数字位数选取要适当,数值过大或过小时,都应以科学记数法表示。

实验原始数据的记录表格,应能记录实验测量的全部数据,包括一个量的重复测量结果,并且在表内或表外列出实验测量的条件及环境情况数据,例如室温、大气压力、湿度、测定日期和时间,以及测定者签字等。对应实验数据处理或实验报告用表,应包括必要的单位换算结果、中间计算结果及最终实验结果。当数据量较大时可以进行精选,使表内所列数据规律更明显,查阅、取值更为方便,使自变量的分度更加规则。对于各项中间计算结果及最终实验结果的意义、单位及计算方法必须在表外作详细说明,最好做出计算示例。对计算中所取的一些常数或物性(如摩尔质量等)数据也应说明。

(二)实验数据图形表示法

实验数据图形表示法是根据笛卡儿解析几何原理,用几何图形(如线的长度、图面的面积、立体图的体积等实验数据)表示出来。此方法在数据整理上极为重要。其优点在于形式简明直观,便于比较,易显出数据的规律性(如最高点、最低点、转折点、周期性)以及其他特征。此外,如果图形作得足够准确,则不必知道变量间的数学关系,即可对变量求微分和积分。图形表示法为进一步求得函数关系的数学表示式提供了依据。有时还可用作图进行外推,以求得实验难以获得的重要物理量。总之,图形不仅可用来表示实验测量结果,还可用于实验数据的处理。

1.作图方法选择

(1)传统坐标纸。通常的直角毫米坐标纸适合于大多数用途,有时也用单对数或双对数坐标纸,特殊需要时用三角形坐标纸或极坐标纸。

(2)使用作图软件。常用的作图软件有 Excel,Origin 等。现今社会,电子科技的发展突飞猛进,电子产品普及度大大提高,利用电脑中自带的作图软件可以方便、迅速地作出 xOy 坐标系的平面图形,相较于手工作图优势明显。

需要注意的是,不论是手工作图,还是使用软件作图,选择或设置合适的坐标标度都是得到准确图形的关键。

2.坐标标度的选择

(1)习惯上用横坐标表示自变量,纵坐标表示因变量。

(2)坐标刻度应能表示全部有效数字,使测量值的最后一位有效数字在图中也能估计出来。最好使变量的绝对误差在图上约相当于坐标的 $0.5\sim1$ 个最小分度,做到既不夸大也不缩小实验误差。

(3)所选定的坐标分度应便于从图上读出任一点的坐标值。通常应使最小分度所代表的变量值为简单整数(可选为 1,2,5,不宜用 3,7,9)。如无特殊需要(如由直线外推求截矩),就不必以坐标原点作标度的起点,应以略低于最小测量值的整数作标度起点。这样得到的图形紧凑,能充分利用坐标纸,读数精度也得以提高。

(4)直角坐标系的两个变量的全部变化范围在两个坐标轴上表示的长度要相近,不可相差太大,否则图形会偏平或细长,甚至不能正确地表示出图形特征。

以如上规定所作的图常常过大,实际作图时可将坐标的标度缩小,但对通常的学生实验来说,图纸不得小于 10 cm×10 cm。

3.描点所用符号

通常 •、⊙、□、×、△等各符号中心点应处于数据代表的位置。在同一张纸上如有几组物理量时,各物理量的代表点应该用不同的符号表示,以便区别,并在图上或图外说明各符号意义。描点符号不宜过大,它应粗略地表明测量误差范围,一般在坐标图纸上各方向距离为1～1.5 mm。

4.数据点的连接

作曲线时,应根据所描数据点,将曲线描得光滑、连续,尽量接近各数据点(仅适用手工坐标纸作图)。为满足这两方面的要求,往往曲线并不应通过所有数据点,而应使所以数据点在线两旁分布均匀,点的数目及点与线的偏差比较均匀,点与曲线的距离表示该组实验数据的绝对误差。

5.其他标注

图中应写明图的名称,纵、横坐标所表示的变量的名称、刻度值、单位等。实验条件应在图中或图名的下面注明。

正确与错误图形示例如图 1-4 所示。

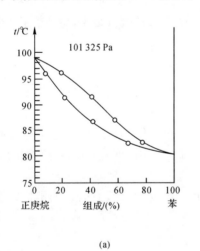

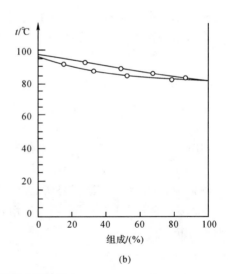

(a)

(b)

图 1-4　图形正误示例

(a)正确图例;(b)错误图例

图 1-4(b)中的错误为:①纵坐标的起点及分度选择不当,使图形太扁,误差较大;②横坐标的意义未注清楚;③实验所处的压力条件未注明。

6.图线直线化

直线是最易画准的图线,使用最方便。为了使变量间函数关系能在图中表示成直线,常可将某些函数直线化。所谓直线化就是将函数关系 $y = f(x)$ 式转换成直线方程式。要达到此目的,可选择新的变量 $y^* = \varphi(x, y)$,$x^* = \varphi(x, y)$ 代替变量 y,x,使 y^* 与 x^* 之间具有 $y^* = A + Bx^*$ 形式的函数关系。表 1-1 列出了几个常见的含两个常数的二元方程式的例子。以新自变量 x^* 对新因变量 y^* 作图,应能得到直线图形。

表 1-1　二元方程直线化

原方程式	变量变换		直线化后方程
	y^*	x^*	
$y = ab^x$	$\ln y$	x	$y^* = \ln a + \ln b \cdot x^*$
$y = a\,e^{bx}$	$\ln y$	x	$y^* = \ln a + b \cdot x^*$
$y = e^{a+bx}$	$\ln y$	x	$y^* = a + b \cdot x^*$
$y = ax^b$	$\ln y$	$\ln x$	$y^* = \ln a + b \cdot x^*$
$y = \dfrac{1}{a+bx}$	$1/y$	x	$y^* = a + b \cdot x^*$
$y = \dfrac{x}{a+bx}$	x/y	x	$y^* = a + b \cdot x^*$

(三)实验数据方程式表示法

一组实验数据用列表法或图形法表示后,常需要进一步用一个方程式或经验公式将数据表示出来。因为方程式表示不仅在形式上较前两种方法更为紧凑,而且进行微分、积分、内插、外延等运算、取值时也方便得多。经验方程式是变量间客观规律的一种近似描述,它为变量间关系的理论探讨提供了线索和根据。

用方程式表示实验数据有三项任务:一是方程式的选择,二是方程式中常数的确定,三是方程式的效果检验。

1.方程式的选择

方程式的选择一般分两种情况。一种是两个变量间存在已知的理论导出方程式。例如,对纯液体在不同温度下的饱和蒸气压,从热力学理论导出了克拉贝龙-克劳修斯(Clapeyron-Clausius)方程,可用它的下列二常数或四常数拟合不同温度下饱和蒸气压测定值,即

$$\ln p = -\frac{\Delta H}{R} \cdot \frac{1}{T} + C$$

$$\ln p = A + BT^{-1} + C\ln T + D$$

另一种情况是两个变量间不存在满意的理论方程式,而必须选择一个比较理想的经验方程来拟合实验数据。

一个理想的经验公式,一方面要求形式简单,所含常数较少,另　方面要求能够准确代表实验数据。这两方面的要求常是矛盾的,在实际工作中有时可两者兼顾,有时则为了照顾必要的准确度,而采用较为复杂的经验方程。对于一组实验数据,一般没有可直接获得一个理想经验方程的简单方法,经验方程式是经过探索而来的。建立经验方程式的一般步骤为:

(1)将实验数据作图,根据曲线形状及经验或与已知方程的曲线比较,拟定经验方程应有的形式;

(2)用拟定的经验方程拟合实验数据;

(3)用作图或计算的方法检验方程与实验数据的相符程度;

(4)若相符程度不能令人满意,则修正经验方程形式,重复(2)(3)步骤,直至拟合效果满意为止。

因为最易直接检验的为直线方程式,故凡在情况许可的情况下尽量采用直线方程式或表1-1中所列的方程式。在找不到合适的方程式时,常采用下列多项式方程进行两个变量间的曲线拟合,即

$$y = a_0 + a_1 x + a_2 x^2 + \cdots + a_n x^n \tag{1-12}$$

2.方程式中常数的确定

拟合实验数据的方程式中常数的求法很多,这里仅介绍最常用的直线图解法与最小二乘法。

(1)直线图解法。对于自变量和因变量关系符合直线方程或它们的函数关系如表1-1所列那样可直线化的情况可以用此方法。它的步骤如下:

将各组符合直线方程的 y,x 数据描在直角坐标纸上,画出直线。选择直线上两点(x_1, y_1),(x_2, y_2),将它们的坐标值代入下式,得斜率 m 及截矩 b,即

$$m = \frac{y_2 - y_1}{x_2 - x_1}$$

$$b = y_1 - n x_1 \quad 或 \quad b = y_2 - m x_2$$

可得直线方程为

$$y = mx + b$$

在此法中,选择的两点必须是直线上的两点,而不是实验数据点。这两点的间距尽量取得大些,以减小求出的斜率、截矩的误差。

(2)一元线性回归方程——直线拟合。一元回归是用来处理两个变量之间的关系的。假若两个变量之间的关系是线性的,该法则称一元线性回归,其回归直线可用最小二乘法得到。

在对某物理量用同一精度进行多次测量后,如何计算最佳的测量结果呢? 根据高斯误差定律可导出:在具有同一精确度的许多观测值中,最佳值是能使各观测值误差的平方和为最小的值。此称最小二乘原理。将此原理用于对某个物理量的测量,可得出多次观测值的算术平均值为最佳值的结论。但将此原理用于从多组观测值计算方程式中得出最佳常数值则不是如此简单。

对于多组观测结果,我们可以认为所有自变量 x_i 均无误差,因变量 y_i 则带有观测误差。根据最小二乘原理,作图时得到的最好曲线应能使各点纵坐标与曲线的偏差的平方和为最小。如图1-5中的直线所示,若偏差平方和 $S = d_1^2 + d_2^2 + \cdots + d_n^2$ 为最小,则此直线为最符合这些实验数据的直线,即为最佳结果。

若直线方程为 $y = mx + b$,各组观测值为(x_1, y_1),(x_2, y_2),$\cdots$,(x_n, y_n),则偏差的平方和 S 为

$$S = \sum_{i=1}^{n} \left[y_i - (m x_i + b) \right]^2$$

式中,$m x_i + b$ 为直线上在自变量为 x_i 时的因变量值,而 y_i 为观测值,二者之差为偏差 d_i,则

$$S = \sum y_i^2 + m^2 \sum x_i^2 + n b^2 + 2 b m \sum x_i - 2 m \sum x_i y_i - 2 b \sum y_i$$

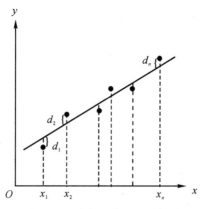

图 1 - 5　最小二乘原理示意图

使 S 为最小值的必要条件为

$$\left(\frac{\partial S}{\partial m}\right)_b = 0 \quad \left(\frac{\partial S}{\partial b}\right)_m = 0$$

即

$$\left(\frac{\partial S}{\partial m}\right)_b = 2m \sum x_i^2 + 2b \sum x_i - 2 \sum x_i y_i = 0$$

$$\left(\frac{\partial S}{\partial b}\right)_m = 2nb + 2m \sum x_i - 2 \sum y_i = 0$$

从以上二式可解出 m, b，分别为

$$m = \frac{\sum x_i \sum y_i - n \sum x_i y_i}{\left(\sum x_i\right)^2 - n \sum x_i^2} \tag{1 - 13}$$

$$b = \frac{\sum x_i \sum x_i y_i - \sum y_i \sum x_i^2}{\left(\sum x_i\right)^2 - n \sum x_i^2} \tag{1 - 14}$$

式中，$\sum$ 都代表 $\sum\limits_{i=1}^{n}$，下同。将各组测量值代入式(1 - 13)和式(1 - 14)可求出直线方程的最佳常数值。

（3）一元非线性回归方程——曲线拟合。在实际问题中，有时两个变量之间的内在关系并不是线性关系，而是曲线关系，求出此类实验数据的回归曲线方程是曲线拟合问题。

回归曲线方程中常数的确定方法有以下三种：

1）若曲线方程为表 1 - 1 中所列的那几类方程，则先将此曲线方程直线化，然后以新的变量按直线拟合的最小二乘法，求出直线斜率、截矩，最后求出原方程中的常数。

2）对于不能直线化的曲线方程，可用最小二乘法直接求解方程中的常数。这种求解计算比较复杂，对于许多方程借助于计算机也是可行的。现在以方程 $y = A\,\mathrm{e}^{-x_i/B} + U$ 为例，用最小二乘法处理，推导计算方程中 A, B, U 三个常数的公式，则有

$$y = A\,\mathrm{e}^{-x_i/B} + U$$

$$s = \sum_{i=1}^{n} \left[y_i - (A\,\mathrm{e}^{-x_i/B} + U)\right]^2 = \sum y_i^2 + A^2 \sum \mathrm{e}^{-2x_i/B} + nU + 2AU \sum \mathrm{e}^{-x_i/B} - $$

$$2A \sum y_i\,\mathrm{e}^{-x_i/B} - 2U \sum y_i$$

$$\left(\frac{\partial s}{\partial A}\right)_{B,U} = 2A \sum e^{-2x_i/B} + 2U \sum e^{-x_i/B} - 2 \sum y_i e^{-x_i/B} = 0$$

$$\left(\frac{\partial s}{\partial U}\right)_{A,B} = 2nU + 2A \sum e^{-x_i/B} - 2 \sum y_i = 0$$

$$\left(\frac{\partial s}{\partial B}\right)_{A,U} = A^2 \sum \frac{2x_i}{B^2} e^{-2x_i/B} + 2AU \sum \frac{x_i}{B^2} e^{-x_i/B} - 2A \sum \frac{x_i y_i}{B^2} e^{-x_i/B}$$

$$= \frac{2A^2}{B^2} \sum x_i e^{-2x_i/B} + \frac{2AU}{B^2} \sum x_i e^{-x_i/B} - \frac{2A}{B^2} \sum x_i y_i e^{-x_i/B} = 0$$

将上面三式整理,得

$$U = \frac{\sum y_i - \dfrac{\sum e^{-x_i/B} \sum y_i e^{-x_i/B}}{\sum e^{-2x_i/B}}}{n - \dfrac{\left(\sum e^{-x_i/B}\right)^2}{\sum e^{-2x_i/B}}} \qquad (1-15)$$

$$A = \left(\sum y_i e^{-x_i/B} - U \sum e^{-x_i/B}\right) / \sum e^{-2x_i/B} \qquad (1-16)$$

$$A \sum x_i e^{-2x_i/B} + U \sum x_i e^{-x_i/B} - \sum x_i y_i e^{-x_i/B} = 0 \qquad (1-17)$$

由于由式(1-15)～式(1-17)三式不能解出 B 值,故需先设 B 值,将观测数据代入后,解出 U 及 A,然后代入式(1-17),视该式左侧是否等于零。若不等于零,重设 B 值并重新计算,直至得到符合上述三等式的 A,B,U 常数值为止。

3)对于某些曲线方程,用最小二乘法直接求解常数值太烦琐,可将回归曲线展成回归多项式,直接用回归多项式来描述两个变量 x 与 y 之间的关系。关于解多项式回归的问题在此不作介绍,可参看有关参考书。

3.回归方程式的效果检验

求曲线回归方程的目的是要使所配方程代表的曲线与观测数据拟合得较好。因此,在计算出回归方程的常数后,要对其拟合实验数据的效果进行检验。

对一组实验变量 x,y 进行多次测量,得测量值 $(x_1,y_1),(x_2,y_2),\cdots,(x_N,y_N)$ 共 N 组。若自变量 x 与因变量 y 之间符合直线关系,可用方程 $y = mx + b$ 拟合。

如果假设自变量的测量值 x_i 均无误差,测量值 $y_1,y_2,\cdots,y_N$ 之间的差异(称变差),是由两方面原因引起的:一是自变量 x 取值的不同;二是其他因素(包括实验误差)的影响。为了对回归方程进行检验,首先需要将两方面引起的变差从 y 的总变差中分解出来。

N 个观测值之间的变差,可用观测值 y 与其算术平均值 $\overline{y}$ 的离差平方和来表示,称为总的离差平方和,记为 s,则有

$$s = \sum (y_i - \overline{y})^2 \qquad (1-18)$$

式中

$$\overline{y} = \frac{\sum y_i}{n}$$

设对应于每个自变量的取值 x_i,由回归方程 $y = mx + b$ 计算出的因变量的数值为 $\hat{y_i}$。从图 1-6 中可以看出,$(y_i - \overline{y})$ 可分解为两部分:一部分是 $(\hat{y_i} - \overline{y})$,这是由于自变量 x 取值不同,由回归方程 $y = mx + b$ 所表示的线性关系引起的 y_i 值变化的部分;另一部分是

$(y_i - \hat{y_i})$，这是由于其他因素引起的 y_i 变化，则

$$s = \sum (y_i - \overline{y})^2 = \sum [(y_i - \hat{y_i}) + (\hat{y_i} - \overline{y})]^2$$
$$= \sum (y_i - \hat{y_i})^2 + \sum (\hat{y_i} - \overline{y})^2 + 2\sum (y_i - \hat{y_i})(\hat{y_i} - \overline{y})$$

可以证明，交叉项 $\sum (y_i - \hat{y_i})(\hat{y_i} - \overline{y}) = 0$。因此，总的离差平方和可以分解为两个部分，即

$$\sum (y_i - \overline{y^2}) = \sum (y_i - \hat{y_i})^2 + \sum (\hat{y_i} - \overline{y}) \tag{1-19}$$

或者写为

$$s = Q + U \tag{1-20}$$

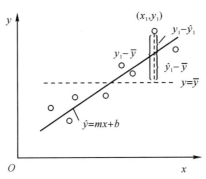

图 1-6　观测值总变差的分解

由式(1-19)和式(1-20)中右侧第二项可得

$$U = \sum (\hat{y_i} - \overline{y})^2 \tag{1-21}$$

称为回归平方和，它反映了在 y 的总变差中由于 x 和 y 的线性关系引起 y 变化的部分，也反映了 x 和 y 线性相关部分在离差平方和 s 中所占的比例，以便从数量上与 Q 值相区分。

由式(1-19)和式(1-20)中右侧第一项可得

$$Q = \sum (y_i - \hat{y_i})^2 \tag{1-22}$$

称为剩余平方和，即所有观测点距回归直线的剩余误差（残差）$(y_i - \hat{y_i})$ 的平方和。它是除了 x 对 y 的线性影响之外的一切因素（包括实验误差、x 对 y 的非线性影响以及其他未能控制的因素）对 y 的变差作用。令

$$R^2 = \frac{\sum (\hat{y_i} - \overline{y})^2}{\sum (y_i - \overline{y})^2} = 1 - \frac{\sum (y_i - \hat{y_i})^2}{\sum (y_i - \overline{y})^2} \tag{1-23}$$

式中，R^2 为相关指数，R 为相关系数。

由式(1-23)可见，R^2 表示回归平方和在总的离差平方和中所占的比例，即表示由于 x 对 y 的线性影响而引起 y 的变差的平方和在观测值 y 的总变差的平方和中所占的比例。显然，当 $R^2 = 1$ 时，说明所有 y_i 的变差都是由于 x 对 y 的线性影响所引起的，观测值与回归方程完全吻合。如果 $R^2 > 1$，说明 y_i 的变差中一部分是由于实验误差或 x 对 y 的非线性影响等因素引起的。R^2 偏离 1 愈远，这些因素的影响越大，R^2 愈趋于 1，回归方程与观测值吻合越好。因此用相关指数 R^2 或相关系数 R 可检验回归方程对观测数据拟合的效果。

为了计算的方便，R^2 计算式可变化如下：

因为
$$\overline{y} = \frac{\sum y_i}{n}$$

$$\sum (y_i - \overline{y})^2 = \sum y_i^2 + \sum \overline{y}^2 - 2 \sum y_i \overline{y} = \sum y_i^2 + n \overline{y}^2 - 2 \overline{y} \sum y_i$$

$$= \sum y_i^2 + n \left[\frac{\sum y_i}{n} \right]^2 - 2 \frac{\sum y_i}{n} \cdot \sum y_i = \sum y_i^2 - \frac{1}{2} \left(\sum y_i \right)^2$$

则

$$R^2 = 1 - \frac{\sum (y_i - \overline{y_i})^2}{\sum y_i^2 - \frac{1}{n} \left(\sum y_i \right)^2} = 1 - \frac{Q}{\sum y_i^2 - \left(\sum y_i \right)^2 / n} \tag{1-24}$$

用式(1-24)计算 R^2 时工作量较小。

虽然式(1-23)和式(1-24)是以直线方程为例导出的,但对于曲线回归方程也得到同样结果。因此,曲线回归方程的拟合效果也可由相关指数 R^2 或相关系数 R 检验。但必须注意,对于那些直线化后计算方程式常数的情况,在用 R^2 判断拟合效果时,必须用原始观测值 y_i 进行计算,而不能用变换后变量值 y_i^*(见表1-1)进行计算。

对于单纯判断直接测量值 y_i 与 x_i 间是否具有直线关系,也可用下式计算其相关指数或相关系数,即

$$R^2 = \frac{\left(n \sum x_i y_i - \sum x_i \sum y_i \right)^2}{\left[n \sum x_i^2 - \left(\sum x_i \right)^2 \right] \left[n \sum y_i^2 - \left(\sum y_i \right)^2 \right]} \tag{1-25}$$

$$R = \frac{n \sum x_i y_i - \sum x_i \sum y_i}{\sqrt{\left[n \sum x_i^2 - \left(\sum x_i \right)^2 \right] \left[n \sum y_i^2 - \left(\sum y_i \right)^2 \right]}} \tag{1-26}$$

此相关系数 R 的变化范围为

$$-1 \leqslant R \leqslant +1$$

当 $R=0$ 时,两变量间不存在直线关系,可能是其他曲线关系。当 $|R|=1$ 时,两变量间存在严格的直线关系。当用非线性回归方程拟合实验数据时不能使用式(1-25)和式(1-26)。因此,一般情况下,在物理化学实验中都用式(1-24)计算 R^2。

由于 Q 为剩余误差 $(y_i - \hat{y_i})$ 的平方和,令

$$\sigma^2 = \frac{Q}{N-2} \tag{1-27}$$

式中,σ^2 称为剩余方差,它可以看作是在排除了 x 对 y 的线性影响后,衡量 y 随机波动大小的数量。剩余方差的平方根为

$$\sigma = \sqrt{\frac{Q}{N-2}} \tag{1-28}$$

称为剩余标准误差。与 σ^2 的意义类似,它可用来衡量所有随机因素对 y 的一次性观测的平均变差的大小。σ 愈小,回归曲线的精度愈高。因此,用 σ 或 σ^2 可评价 N 组测量值的规律性的好坏。在相关系数 R 比较接近1的条件下,σ 大,说明测量值的精密度低,偶然误差较大的测量值较多。

第二部分　基础型实验

　　基础型实验主要包括以下几部分的内容：与理论课程密切相关的原理以及理论内容的验证；重要热力学数据和动力学数据的实验测量方法；重要公式的应用。本部分实验的目的在于将抽象的理论内容付诸实践，通过学生的实际操作，真正实现理论联系实际，促进学生对理论知识的理解和应用。

实验一 氧弹法测定恒容燃烧热

一、实验目的

(1)用氧弹量热计测定苯甲酸的燃烧热。

(2)明确燃烧热的定义,了解恒压燃烧热与恒容燃烧热的区别。

(3)了解量热计中主要部分的作用,掌握氧弹量热计的使用技术。

二、实验原理

燃烧热的定义:1 mol 物质完全燃烧时的热效应。苯甲酸完全燃烧的方程式为

$$C_7H_6O_2(s) + \frac{15}{2}O_2(g) = 7CO_2(g) + 3H_2O(l)$$

本实验通过测定苯甲酸完全燃烧时的恒容燃烧热 Q_V,计算出苯甲酸的恒压燃烧热 Q_p。在封闭系统且不做非体积功的情况下,恒容燃烧热 Q_V 等于体系内能变化 ΔU,恒压燃烧热 Q_p 等于体系的焓变 ΔH,ΔH 和 ΔU 的关系为

$$\Delta H = \Delta U + \Delta(pV) \tag{2-1}$$

恒压条件下的热效应为 Q_p,恒容条件下的热效应为 Q_V,将反应前后的各气体物质视为理想气体,并忽略凝聚相的体积,则二者之间的关系是

$$\Delta H \approx \Delta U \tag{2-2}$$

三、仪器装置和药品

实验主要仪器装置和药品见表 2-1。

表 2-1 实验主要仪器装置和药品

名 称	数量	名 称	数量
燃烧热测定装置	1 套	电子天平	1 台
氧气钢瓶	1 个	充氧器	1 个
氧弹	1 个	10 mL 量筒	1 个
剪刀	1 把	点火丝	若干
放气阀	1 个	苯甲酸(分析纯)	适量
蒸馏水	若干		

四、实验装置和实验步骤

1.氧弹和样品安装示意图

氧弹仪是一个特制的不锈钢容器(见图2-1)。为了保证样品在其中完全燃烧,氧弹中充以高压氧气,因此要求氧弹要有很好的密封性、耐高压性和抗腐蚀性。图2-2所示是样品安装在氧弹仪内部示意图,注意点火丝勿与燃烧皿、氧弹内壁接触。

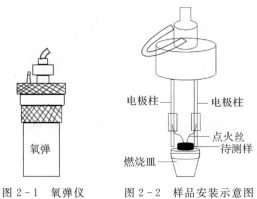

图2-1 氧弹仪 　　图2-2 样品安装示意图

2.氧气瓶和充氧器

氧气瓶由减压阀和钢瓶两部分组成(见图2-3)。阀门1为氧气瓶总阀门,逆时针开,顺时针关。阀门2为减压阀门,逆时针关,顺时针开,用于调节氧气的输出压力。压力表1显示钢瓶中氧气的总压力,压力表2显示实际氧气的输出压力。

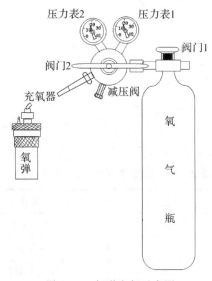

图2-3 氧弹充氧示意图

充氧器的使用:减压阀连接充氧器,将减压阀调节到2.8~3.0 MPa;将氧弹连接到充氧器,充氧30 s;关闭充氧器,然后将充氧器从氧弹上取下。注意:充氧压力不能超过3.3 MPa。

3.实验装置示意图

实验装置如图 2-4 所示。

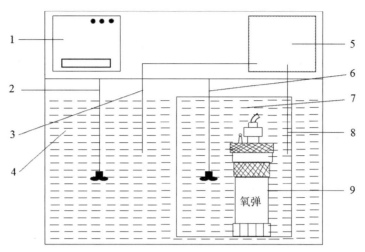

1—数据处理中心;2—搅拌桨 1;3—温度传感器 1;4—蒸馏水;5—数据控制中心;

6—搅拌桨 2;7—蒸馏水;8—温度传感器 2;9—氧弹仪。

图 2-4 装置示意图

4.实验步骤

(1)仪器自检:打开仪器,进入实验,点击仪器自检,分别点击内筒加水、内筒排水、内搅拌,检查是否能正常运转,如果可以,表明仪器运转正常。

(2)打开氧弹,将氧弹中装有燃烧皿的支架取出,放在专用固定架上,用镊子取出燃烧皿。

(3)称取待测样品 1.000 0 g±0.100 0 g 进行压片,准确称取压片的质量并记录,将压片用镊子放入燃烧皿中。

(4)将装有待测样品的燃烧皿放回氧弹支架中。

(5)将点火丝的两端分别挂接在电极柱的缝隙上,注意点火丝要与待测样接触,而不能与燃烧皿、氧弹内壁接触,以免造成短路而导致点火失败,甚至烧毁燃烧皿或者电极柱。安装示意图见图 2-2。

(6)往氧弹中加入 10 mL 蒸馏水。

(7)将装有燃烧皿的支架放回氧弹中,旋紧氧弹盖,至手拧不动为止。

(8)减压阀连接充氧器,用减压阀将压力调节到 2.8～3.0 MPa。

(9)将氧弹连接到充氧器,在 2.8～3.0 MPa 压力下充氧 30 s。关闭充氧器,然后将充氧器从氧弹上取下。注意:充氧压力不能超过 3.3 MPa。

(10)将氧弹完全浸没在水中检查气密性,确保不漏气后,方可进行下一步实验。

(11)将不漏气的氧弹放入内筒中,输入样品质量,以及含硫、氢和水分等的数据(根据实际情况输入,如果不含有水分、硫、氢,可不输入),选择发热量测试模式。

(12)点击开始实验,5 min 后查看仪器显示屏,如果显示点火失败,要重新实验。

(13)测试完成后,仪器会自动打印出待测样的恒容燃烧热。

(14)实验完成后,取出氧弹,旋转放气阀放掉剩余的氧气,旋开氧弹盖,将氧弹中的水倒掉,用卫生纸擦干,按照实验开始前的状态放回原处。

五、实验记录和数据处理

实验数据和计算结果见表2-2。

表2-2　实验数据表

测试次数	苯甲酸质量/g	恒容反应热/$(J \cdot g^{-1})$	恒压反应热/$(J \cdot g^{-1})$
1			
2			

六、注意事项

(1)保证点火丝和样品充分接触,不能使点火丝接触燃烧皿。

(2)给氧弹充氧的过程中,操作人应站在侧面,且注意不要超过充气压力。

(3)当氧弹浸没到内桶中时,如果有气泡成串冒出,需将氧弹从内桶中取出,重新充氧。

七、思考题

(1)恒压燃烧热和恒容燃烧有什么样的关系?

(2)导致实验误差的主要因素有哪些?

(3)ΔH 和 ΔU 有什么区别,本次实验直接测定的是哪个量?

(4)用氧弹量热计测定燃烧热的装置中哪些是系统? 哪些是环境? 系统和环境之间通过哪些可能的途径进行热交换?

实验二 乙醇水溶液偏摩尔体积的测定

一、实验目的

掌握偏摩尔数概念和二元溶液偏摩尔体积的测定方法。

二、实验原理

在一定温度、压力下，1 mol 纯水的体积约为 18 cm^3，将其加入大量纯水中，总体积的增加仍为 18 cm^3，这是纯液体的摩尔体积。若将 18 cm^3 水加入大量的物质的量分数为 0.5 的乙醇水溶液中，则体积的增加仅为 16.8 cm^3。由于此时溶液的浓度是不变的，故此体积的增量为 1 mol 水在此浓度的溶液中对体积的贡献，称为水的偏摩尔体积。在恒温、恒压及溶液组成不变的条件下将 1 mol 某组分加入某浓度的溶液中，引起的体积变化，称该组分在此浓度溶液中的偏摩尔体积。i 组分的偏摩尔体积用 V_i 表示：

$$V_i = \left(\frac{\partial V}{\partial n_i}\right)_{T,p,n_j} \tag{2-1}$$

式中，下标 n_j 表示溶液中除 i 组分以外的其他组分的物质的量保持不变。

溶液的总体积 V 和各组分的偏摩尔体积 V_i 之间的关系符合集合公式(见式 2-2)。对二组分溶液，有

$$V = n_1 V_1 + n_2 V_2 \tag{2-2}$$

式中：n_1，n_2 分别为两个组分的物质的量；V_1，V_2 分别为两个组分的偏摩尔体积。将式(2-2)的等号两侧除以溶液总物质的量($n_1 + n_2$)，并以 V_m 代表 1 mol 溶液的体积，则有

$$V_m = X_1 V_1 + X_2 V_2 \tag{2-3}$$

式中，X_1，X_2 表示两个组分的物质的量分数。因为 $X_2 = 1 - X_1$，将式(2-3)对 X_1 求偏导数，得

$$\left(\frac{\partial V_m}{\partial X_1}\right)_{T,p} = V_1 - V_2$$

$$V_1 = \left(\frac{\partial V_m}{\partial X_1}\right)_{T,p} + V_2 \tag{2-4}$$

将式(2-4)代入式(2-3)，得

$$V_m = X_1 \left(\frac{\partial V_m}{\partial X_1}\right)_{T,p} + X_1 V_2 + (1 - X_1)V_2$$

$$V_2 = V_m - X_1 \left(\frac{\partial V_m}{\partial X_1}\right)_{T,p} \tag{2-5}$$

同理可得

$$V_1 = V_m - X_2 \left(\frac{\partial V_m}{\partial X_2} \right)_{T,p} \qquad (2-6)$$

若以比容 C（每克溶液的体积）代替摩尔体积 V_m，以质量分数 g 代替物质的量分数，可以证明下列关系式的成立：

$$C_1 = C - g_2 \left(\frac{\partial C}{\partial g_2} \right)_{T,p} \qquad (2-7)$$

$$C_2 = C - g_1 \left(\frac{\partial C}{\partial g_1} \right)_{T,p} \qquad (2-8)$$

式中 $\qquad\qquad\qquad C_1 = V_1/M_1, \quad C_2 = V_2/M_2 \qquad\qquad (2-9)$

M_1, M_2 分别为两个组分的摩尔质量。

以溶液比容 C 对质量分数 g_2 作图，可得曲线 AB（见图 $2-5$）。若求 $g_2 = 0.60$ 的溶液的 C_1 及 C_2，可通过曲线上对应此 g_2（即 0.600）的点 P（其纵坐标为 C），作曲线 AB 的切线 QR，与纵坐标的交点分别为 Q 和 R。此切线的斜率为 $(\partial C/\partial g_2)_{R_2} = 0.60$。根据图中几何关系容易证明，$Q$ 点纵坐标为 C_1，R 点纵标为 C_2。

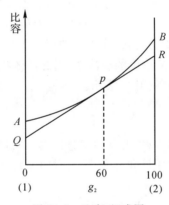

图 $2-5$　比容-组成图

求得 C_1, C_2 后，分别乘以对应组分的摩尔质量 M_1, M_2，可得两组分的偏摩尔体积 V_1, V_2。本实验中通过测定不同的浓度的乙醇水溶液的密度，进而得到溶液比容与浓度的关系。

液体的密度是其单位体积的质量。水在 $4℃$ 时的密度为 $1.000\ 0\ \text{g} \cdot \text{cm}^{-3}$。其他液体的密度数值上等于该液体与同体积的 $4℃$ 水的质量比。若液体的温度为 $t℃$，则该液体的密度可表示为 d_4^t。在实际测量工作中，常以同温度下的水作为标准，即从实验测得相同温度下液体与同体积水的质量比值。此比值称为相对密度（亦称比重），用 d_t^t 表示。d_t^t 和 d_4^t 之间的关系为

$$d_4^t = d_t^t \cdot d_w^t \qquad (2-10)$$

式中，d_w^t 为水在 $t℃$ 时的密度，可由附录中查出。

密度的测定有多种方法。本实验用比重瓶法测定密度。

溶液的比容 C 为密度 d_4^t 的倒数。

三、仪器与试剂

(1)恒温槽 1 套；

(2)分析天平 1 台；

(3)50 mL 带盖锥形瓶 8 个；

(4)10 mL 吸量管 2 支；

(5)滴管 8 支；

(6)无水乙醇(分析纯)和蒸馏水。

四、操作步骤

(1)将恒温槽调至 25.0℃(室温较高时调至 30.0℃)。

(2)按表 2－3 中的乙醇及水体积，用吸量管准确配制 8 种不同浓度的溶液，分别置于 8 个 50 mL 带盖锥形瓶中。

表 2－3　8 种浓度溶液的配比

编号	I	II	III	IV	V	VI	VII	VIII
乙醇/mL	3.70	7.20	9.10	11.20	13.10	15.00	16.70	18.40
水/mL	16.30	12.80	10.90	8.80	6.90	5.00	3.30	1.60

(3)将已经洗净干燥的 4 个比重瓶分别放在分析天平上称质量，然后将 4 种待测液体分别小心地装入并充满比重瓶。把比重瓶放在架子上，放入恒温槽内，恒温 15 min 以上。如塞子内毛细管液面下凹，或比重瓶内有气泡，则应拨出塞子，重新装入一些溶液，使比重瓶与毛细管内充满液体，液面与管口平。然后取出比重瓶，用吸水纸擦干，再用分析天平称量，求得 4 种溶液质量。倒去比重瓶内溶液，用蒸馏水洗净，并充满蒸馏水，用上述方法测出同温度下同体积水的质量。

另用 4 个比重瓶，测另外 4 种溶液质量及同体积水的质量。

使用比重瓶时应注意：①比重瓶及塞子应具有同样编号，不要搭配错。②装好液体，必须盖严，不留气泡。③从恒温槽中取出前需用吸水纸吸去毛细管口高出的液体。取出后，由于温度下降会造成液面下降，但这并不影响液体质量。④在从比重瓶恒温槽中取出，到用分析天平称质量的整个过程中，液体会不断从毛细管口蒸发，因此，称重时必须动作迅速，以减小挥发造成的误差。

五、数据处理

(1)从附录中查出室温下水及乙醇的密度，计算各溶液含乙醇的质量分数。

(2)计算用比重瓶测出的各溶液相对密度 d_t^t。查出恒温槽温度下水的密度 d_w^t。用式 (2－10)计算各溶液的密度及比容。

(3)根据实验数据及查得的纯水和纯乙醇的比容，作乙醇水溶液的比容-组成图。

(4)用截距法，由图求质量分数为 0.60 的乙醇溶液中各组分的偏摩尔体积。

六、思考题

(1)式(2－7)与式(2－8)中 C_1，C_2 反映的概念是什么？如何推导这两个公式？

（2）溶液的偏摩尔体积受哪些因素影响？从本实验结果分析,这些因素使偏摩尔体积如何变化？在实验操作中如何考虑这些因素,以保证实验结果的准确性？

（3）本实验中哪些测量或数据处理方法引入误差较大？在实验中对称量质量的准确度应如何要求？在称量质量的过程中液体的挥发将引起多大误差？

（4）本实验测得的偏摩尔体积应有几位有效数字？为什么？

（5）水与乙醇构成的溶液,总体积是减小的,即 $\Delta V < 0$。你能举出 $\Delta V > 0$ 的溶液的例子吗？这样的溶液也能用截距法求偏摩尔体积吗？它的比容-组成图应是怎样的？

实验三　纯液体饱和蒸气压的测定

一、实验目的

(1)测定不同温度下液体的饱和蒸气压和摩尔气化热。

(2)利用静态法测定环己烷饱和蒸气压和温度的关系。

(3)使用 Clausius – Clapeyron 方程计算环己烷的摩尔气化热。

(4)培养使用计算机软件来处理问题的能力,以及独立使用水泵或油泵的能力。

二、实验原理

在通常温度下(距离临界温度较远时),纯液体与其蒸气达到平衡时的蒸气压称为该温度下液体的饱和蒸气压,简称为蒸气压。蒸发 1 mol 液体所吸收的热量称为该温度下液体的摩尔气化热。

液体的饱和蒸气压与温度的关系用 Clausius – Clapeyron 方程式表示为

$$\frac{\mathrm{d}\ln p}{\mathrm{d}T} = \frac{\Delta_{\mathrm{vap}} H_{\mathrm{m}}}{RT^2} \qquad (2-11)$$

式中:R 为摩尔气体常数;T 为热力学温度;$\Delta_{\mathrm{vap}} H_{\mathrm{m}}$ 为在温度 T 时纯液体的摩尔气化热。

假定 $\Delta_{\mathrm{vap}} H_{\mathrm{m}}$ 与温度无关(或温度范围较小),$\Delta_{\mathrm{vap}} H_{\mathrm{m}}$ 可以近似看作常数,积分式(2-11),得

$$\ln p = -\frac{\Delta_{\mathrm{vap}} H_m}{R} \cdot \frac{1}{T} + C \qquad (2-12)$$

式中,C 为积分常数。由式(2-12)可以看出,以 $\ln p$ 对 $1/T$ 作图,应为一直线,直线的斜率为 $-\Delta_{\mathrm{vap}} H_{\mathrm{m}}/R$,由斜率可求算液体的 $\Delta_{\mathrm{vap}} H_{\mathrm{m}}$。

蒸气压可以在平衡管中测定,如图 2-6 所示,平衡管由三个相连通的玻璃管构成,A 管中装待测液体,当 A 管的液面上纯粹是待测液体的蒸气,并当 B 管与 C 管的液面处于同一水平时,A 管液面上的蒸气压与加在 B 管液面上的外压相等,D 连通管用于方便加液。因此,蒸气压测定的操作,首先是在一定温度下排除 A 管和 C 管上方封闭空间中的空气,然后通过减压或加压操作调平 B 管和 C 管的液面,最后在 B 管和 C 管的液面相平的条件下读出 B 管上方的气压值。

三、主要仪器和试剂

(1)SVPS – 01 型蒸气压测量仪 1 台(见图 2-7);

(2)平衡管 1 个;

(3)环己烷(分析纯)。

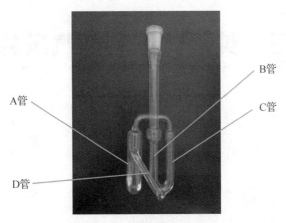

图 2-6　平衡管示意图

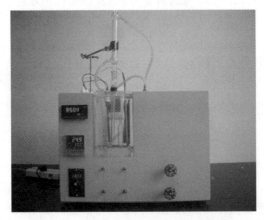

图 2-7　SVPS-01型蒸气压测量仪

四、实验步骤

(1)在平衡管中加入样品,A 管中的液面应处于 D 管口处,B 管和 C 管中的液面应处于整体高度的一半位置。

(2)将平衡管安装于恒温槽内,并连接冷凝管,冷凝管的出水口和入水口与仪器相应管口相连。

(3)检查恒温槽水位(水位应不低于加热棒螺丝帽下缘),检查加热/冷凝开关、降温开关(向下为关)、加压阀、减压阀(顺时针拧到头即为关)、加热及搅拌器开关均处于关闭状态下,开启仪器总电源(仪器左后方),打开稳压罐放空阀(仪器上面板标注处红色旋钮竖立为打开状态),然后开启真空泵(稳压罐放空阀必需处于开的状态才能打开真空泵;注意两组共用一个泵时,确保另一组稳压罐放空阀处于开的状态,才能打开真空泵,否则仪器会受到不可恢复的损坏),最后关闭稳压罐放空阀。

(4)系统检漏:缓慢打开减压阀,控制平衡管中气泡的出速不要超过 1 个/s,当系统的压力值降到 20 kPa 时关闭减压阀,若系统压力在 2 min 内仅变化 0.1 kPa,证明系统气密性良好,可以开始实验,否则应认真检查气路各接口情况,直到不漏气为止。

(5)打开加热/冷凝开关及搅拌器开关,调节搅拌器转速为 550～600 r/min,设定水浴温度为 60℃。随着温度上升,样品的蒸气压逐渐加大,平衡管中气泡的出速也将加快,此时适当打开增压阀,控制平衡管中气泡的出速不超过 0.5 个/s。温度达到设定温度后,关闭增压阀,缓慢打开减压阀调节出泡速度为 1 个/s,排出 A 管上方的空气,排空 3 min 后,通过减压阀和增压阀调节 B 管和 C 管液位,当二者液位相平时记录压力值,重复测量三次取平均值。

将控温仪温度设定为 55℃,打开降温开关,随着样品温度的下降,样品蒸气压逐渐下降,此时应关闭增压阀并适当打开减压阀以防止平衡管中空气倒灌(若出现此情况应重新排空)。温度达到设定温度后关闭降温开关,水浴温度平衡 3 min 后,通过减压阀和增压阀调节 B 管和 C 管液位,当二者液位相平时记录压力值,重复测量 3 次取平均值。

重复以上过程依次测定样品 50℃,40℃,35℃时的蒸气压。

(6)测量完成后,打开稳压罐放空阀(切记先开稳压罐放空阀,后关泵)、关闭真空泵电源,并依次关闭加热/冷凝开关、加热开关和搅拌开关,打开增压阀或减压阀使平衡管中压力逐渐恢复成大气压(切忌压力增加速度过快,缓慢打开即可),最后关闭仪器电源开关。

五、数据处理

将数据及处理数据记录在表 2－4 中。

表 2－4 不同温度下环己烷的饱和蒸气压

$t/℃$	T/K	$\dfrac{1}{T}/K^{-1}$	p^*/Pa	$\ln p^*$
60				
55				
50				
45				
40				
35				

作 $\ln p^* - \dfrac{1}{T}$ 图,由图中的直线斜率求出被测液体在实验温度区间内的平均摩尔气化热 $\Delta_{vap}H_m$ [$p^\ominus$ 下环己烷 $t_沸 = 80.72$ ℃,环己烷 $\Delta_{vap}H_m = 32$ kJ/mol(理论)]。

六、注意事项

(1)平衡管 A 管和 C 管之间的空气必须赶净。
(2)抽气和放气的速度不能太快,以免 B 管中的样品被抽掉或 C 管中的样品倒流到 A 管。
(3)读数时应同时读取温度和压力。

七、思考题

(1)以本实验中的装置来说,哪一部分是体系?
(2)体系中的气体部分含有空气等惰性气体时,是否对饱和蒸气压的测定产生影响?

（3）怎样才能把体系中的空气排出到环境中去，使得体系的气体部分几乎全部是由被测液体的蒸气所组成？如何判断空气已被赶净？

（4）怎样才能使环境的空气不会进入体系中去？

（5）Clausius - Clapeyron 方程式表示的是什么物理量之间的关系？公式推导中包含什么假设（或近似）？

八、实验延伸

（1）此静态法适用于测定蒸气压较大的各种液体的饱和蒸气压。测定纯液体饱和蒸气压的方法除本实验采用的静态法外，还有动态法，如饱和气流法等。动态法适用于测定蒸气压较小的液体的饱和蒸气压。

（2）液体的饱和蒸气压是非常重要的物性数据，表示液体挥发的难易程度。对石油、化工行业的科研和生产具有重要的意义。

实验四　凝固点降低法测定溶质摩尔质量

一、实验目的

(1)加深对稀溶液依数性的理解。

(2)学会用凝固点下降法测定萘的摩尔质量。

(3)掌握凝固点测量技术。

二、实验原理

少量非挥发性溶质溶解在纯溶剂中,形成稀溶液,稀溶液的凝固点较纯溶剂的凝固点有所降低,其凝固点降低值 ΔT_f 只取决于溶液中溶质的分子数目,则有

$$\Delta T_f = T_f^* - T_f = K_f m_B \tag{2-13}$$

式中:ΔT_f 为凝固点下降低值;T_f^* 为纯溶剂的凝固点;T_f 为溶液的凝固点;m_B 为溶质的质量摩尔浓度;K_f 为溶剂的凝固点下降常数(参考值为 $20.2^\circ\text{C} \cdot \text{kg} \cdot \text{mol}^{-1}$),其数值只与溶剂本性有关,可查阅相关资料。又知

$$m_B = \frac{W_B \times 1\,000}{M_B \times W_A} \tag{2-14}$$

由式(2-13)和式(2-14)可得出,溶质 B 的相对摩尔质量 M_B 为

$$M_B = K_f \times \frac{W_B \times 1\,000}{\Delta T_f \times W_A} \tag{2-15}$$

式中,W_A,W_B 分别为溶剂和溶质的质量(g)。可见,若已知 K_f,实验测得 ΔT_f,即可利用式(2-15)求算出物质 B 的摩尔质量 $M_B(\text{g} \cdot \text{mol}^{-1})$。

纯溶剂的凝固点是其液-固共存的平衡温度。将纯溶剂逐步冷却时,在未凝固之前温度将随时间均匀下降,并始凝固后由于放出凝固热而补偿了热损失,体系将保持液-固两相共存的平衡温度不变,直到全部凝固,再继续均匀下降[见图 2-8(a)]。但在实际过程中经常发生过冷现象,其冷却曲线如图 2-8(b)所示。溶液的凝固点是溶液与溶剂的固相共存时的平衡温度,其冷却曲线与纯溶剂不同。当有溶剂凝固析出时,剩下溶液的浓度逐渐增大,因而溶液的凝固点也逐渐下降[见图 2-8(c)],如果溶液的过冷程度不大,析出固体溶剂的量对溶液浓度影响不大,则以过冷回升的温度作凝固点,对测定结果影响不大[见图 2-8(d)]。如果过冷太甚,凝固的溶剂过多,溶液的浓度变化过大,则出现图 2-8(e)的情况,这样就会使凝固点的测定结果偏低。

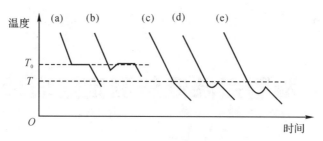

图 2-8 步冷曲线图

在实际测量过程中,还有两个实验因素必须考虑。第一,由于体系不断散热,按上述方法测量时体系不可能达到可逆的固液平衡,这与式(2-13)所要求的条件不符,在本实验要求精度为 0.001℃ 的条件下会引起很大的实验误差。解决的方法是在体系达到固液两相平衡时对样品加热,使所加的热量刚好抵消散失的热量。第二,在降温过程中,样品很容易在固液界面处的管壁上首先结晶析出,会给溶液凝固点的测量带来很大的误差,为了消除这种情况,应控制样品管固液界面上方的温度高于一定的温度(又称为阻凝温度),以阻止样品在此处结晶。

三、仪器与试剂

(1)凝固点测定仪 1 台(见图 2-9);

(2)量筒(50 mL)1 个;

(3)分析天平(0.000 1 g)1 台;

(4)环己烷(分析纯),萘(分析纯),丙酮(分析纯)。

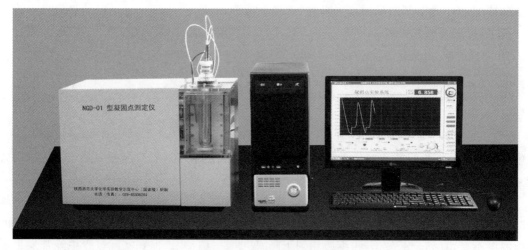

图 2-9 凝固点测定仪

四、实验步骤

(一)实验准备

(1)打开冷却水并保持适当水流量,打开凝固点测定仪电源开关(在仪器背板左下方)。

(2)打开电脑,双击凝固点测量软件图标(凝固点实验系统)启动测量系统,进入界面后点击"启动实验"进入操作界面。在操作界面上,将搅拌速率设定为 550 r/min,打开搅拌开关。将制冷模式开关调至自动,设定水浴温度为 3.45℃,制冷系统开始工作。

(3)清洗样品管、磁子及温度探头,并用电吹风吹干(用 1 mL 丙酮润洗两次,再吹干两次)。粗量 30 mL 溶剂(环己烷)置于已准确称重的样品管中,并准确称重。安装好温度探头(测量探头不能贴壁,阻凝温度控制探头应贴壁)。

(二) 实验测量

1. 溶剂凝固点的粗测以及散热补偿启动温度的选择

(1)将样品管放入加热套管中,然后将"阻凝温度"开关置于"自动"位置(阻凝温度设定为8℃)。"水浴温度"开关置于"自动"位置,并将"散热补偿"开关置于"手动"位置,观察步冷曲线。

(2)当样品温度降至 7.5℃时点击"重新实验"按钮。开始准备记录数据,随时调整 Y 轴的最大值与最小值(差值一般≤2℃)、X 轴的数据点(1 000～3 000,依据具体情况)。

(3)当样品温度降至最低时,记录此最低数据(样品温度最低值)。随后样品温度开始回升,当回升至稳定值后,此稳定值即为溶剂凝固点的粗测值,记录此粗测值。以凝固点的粗测值与样品温度最低值的平均值作为散热补偿启动温度的设定值。散热补偿启动温度设定为所计算的平均值,将散热补偿电流设为 30～100 mA(具体见每组计算机软件的设定值),并将"散热补偿"开关置于"自动"。

2. 溶剂凝固点的精确测定

点击"加热线圈 1"按钮(鲜红色为开,暗红色为关),使样品温度回升 0.5～1℃。观察步冷曲线,当步冷曲线出现平台后,此温度即为溶剂的准确凝固点的第一个测量值。再次点击"加热线圈 1"按钮,使样品温度回升 0.5～1℃。当步冷曲线出现平台后,此温度即为溶剂的准确凝固点第二个测量值。两个平行结果之间的偏差保持在±0.005℃以内。

3. 溶液凝固点的粗测以及散热补偿启动温度的选择

(1)将水浴温度调至 2.45℃,并将开关置于"自动"。散热补偿启动模式开关指向"手动"。

(2)在样品管溶剂中加入 0.145～0.155 g 块状萘(应准确称重,尽量不用粉末状萘,以防加入管中时粘在管壁),观察步冷曲线,当样品温度降至最低并回升至最高值后,观察溶液中萘是否溶完,若已溶完,此值即为溶液凝固点的粗测值,否则点击"加热线圈 1"按钮,使样品温度回升 0.5～1℃,重新测量。以粗测值与曲线最低点的平均值作为散热补偿启动温度的设定值(如果后续测量时此值偏低或偏高可根据情况重新设定)。

4. 溶液凝固点的精确测量

将"散热补偿"模式开关指向"自动",点击"加热线圈 1"按钮,使样品温度回升 0.5～1℃。观察降温曲线,并反复操作得到两个平行测量结果,平行结果之间的偏差保持在±0.005℃以内。

(三)实验结束

将操作界面上的所有开关关闭("手动"为关)后,点击"返回主界面"按钮并"退出系统",关闭仪器电源开关以及冷却水。

五、注意事项

(1)仪器启动前必须先开冷凝水。

(2)样品管必须洗净吹干后才能使用。

六、思考题

(1)如何更好地消除过冷现象？

(2)加入溶质量的多少的依据是什么？太多或太少会有何影响？

实验五 完全互溶双液系沸点-组成相图

一、实验目的

(1)掌握完全互溶双液系沸点-组成相图的制作方法。

(2)掌握阿贝折光仪及恒温槽的使用方法。

二、实验原理

两种液态物质以任意比例混合都形成均相溶液的体系称为完全互溶双液系。在恒定压力下溶液沸点与平衡的气-液相组成的关系,可用沸点-组成相图(即 $T-x-y$ 相图)表示。完全互溶双液系的沸点-组成相图可分为 3 种。一种为最简单的情况,溶液沸点介于同压力下两个纯组分沸点之间,如图 2-10 所示。纵坐标表示温度,横坐标表示组分 B 的物质的量分数(x_B,y_B)。下面一条曲线表示气-液平衡温度(即溶液沸点)与液相组成的关系,称液相线($T-x$ 线)。上面的线表示平衡温度与气相组成关系,称气相线($T-y$ 线)。若总浓度为 Z_B 的体系在压力 p 及温度 t 时达到气-液两相平衡,其液相浓度为 x_B,气相浓度为 y_B(见图 2-10)。另两种类型为具有恒沸点的完全互溶双液系气液相图,如图(2-11)所示。图 2-11(a)所示为具有低恒沸点的相图,图 2-11(b)为具有高恒沸点的相图。这两类相图中气相线与液相线在某处相切。相切点对应的温度称为恒沸点,对应组成的混合物称恒沸混合物。恒沸混合物在恒沸点达气-液平衡,平衡的气-液相组成相同。同一双液系在不同压力下,恒沸点及恒沸混合物组成是不同的。

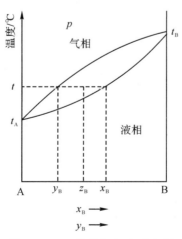

图 2-10 正常的沸点-组成相图

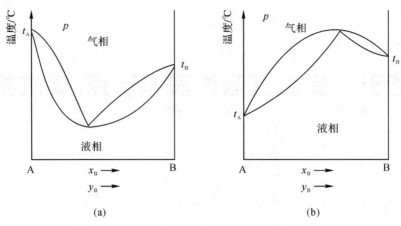

图 2-11　具有恒沸点的沸点-组成相图

(a)具有低恒沸点；(b)具有高恒沸点

本实验用气液平衡仪(见图 2-12)在一定压力下(本实验在大气压下),测定不同总浓度(即加入平衡仪溶液的浓度)的环己烷和乙醇构成的溶液达到气液平衡的温度及气、液相组成。根据这些数据作出该体系在此压力下的沸点-组成相图。相图与压力有关,制成相图时必须注明其平衡压力值。

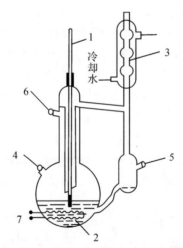

1—温度计；2—电热丝；3—冷凝管；4—液相取样口；
5—气相冷凝液取样口；6—空气排出口；7—变压器接头

图 2-12　气液平衡仪

两种纯液体混合构成理想溶液时,其中各组分的气-液平衡分压在所有浓度范围内都符合拉乌尔定律：

$$p_1 = p_1^* x_1 \quad , \quad p_2 = p_2^* x_2 \tag{2-16}$$

式中：p_1,p_2 为两组分气-液平衡时气相中分压；x_1,x_2 为平衡时,两组分的液相物质的量分数；p_1^*,p_2^* 为两组分纯液体在平衡温度下的饱和蒸气压。

若构成非理想溶液,其性质则不符合拉乌尔定律,在低压上可符合以下关系：

$$p_1 = p_1^* \alpha_1 \quad , \quad p_2 = p_2^* \alpha_2 \tag{2-17}$$

$$\alpha_1 = r_1 x_1 \quad , \quad \alpha_2 = r_2 x_2 \qquad\qquad (2-18)$$

式中：α_1，α_2 为两组分在平衡液相中的活度；r_1，r_2 为相应的活度系数。活度系数除与两组分本性有关外，还与温度、压力及组成有关。根据分压定律及式(2-17)和式(2-18)可得

$$r_1 = \frac{p y_1}{p_1^* x_1} \quad , \quad r_2 = \frac{p y_2}{p_2^* x_2} \qquad\qquad (2-19)$$

式中：p 为气-液平衡总压；y_1，y_2 为两组分在平衡气相中物质的量分数。当从附录查到一定温度下的 p_1^*，p_2^*，并从相图上查到平衡总压 p 及在此温度下气-液平衡的 (x_1,y_1)，(x_2,y_2) 时，就可用式(2-19)计算出各组分在平衡液相中的活度系数 r_1，r_2。

溶液的折射率随它的组成而改变。如果在一定温度下配制一系列已知组成的二组分溶液，测定出它们的折射率，可绘制出反映此溶液浓度与折射率关系的标准线。根据此标准线可由此二组分溶液在给定温度下的折射率查得其浓度。本实验中气、液相浓度就是由此法得到的。

三、仪器与试剂

(1)气液平衡仪 1 套；

(2)恒温槽 1 台；

(3)阿贝折光仪 1 台；

(4)变压器 1 台；

(5)0.1℃刻度温度计(50～100℃)1 支；

(6)30 mL 滴瓶 6 个；

(7)10 mL 吸量管 2 支；

(8)小漏斗 1 个；

(9)虹吸管 1 支；

(10)毛细滴管 2 支；

(11)洗耳球 1 个；

(12)擦镜纸若干；

(13)无水乙醇(分析纯)，环己烷(分析纯)，Ⅰ～Ⅹ号不同浓度环己烷-乙醇溶液，丙酮。

四、操作步骤

(1)接好恒温槽与折光仪间的循环水管，将恒温槽温度调至 25.0℃。

(2)校正折光仪。

(3)绘制标准线：用吸量管配制 6 种不同体积百分数(10％，25％，40％，55％，70％，85％环己烷)各 10 cm³ 的乙醇-环己烷溶液，分别放在 6 个干燥的 30 cm³ 滴瓶中(注意盖严)；记录配制时的室温；用折光仪分别测定各溶液的折射率。

(4)读取大气压力。

(5)在干燥的气液平衡仪内，加入实验室配制好的乙醇-环己烷Ⅰ号溶液。使平衡仪内液面达到温度计水银球约一半的位置，开冷却水。平衡仪电热丝接至变压器 20 V 的输出位置，加热至沸腾。打开平衡仪上空气排出口 6，待溶液蒸气的"冷凝液膜"达到空气排出口时，将此口盖上。继续加热，使气相冷凝液充分回流。此时应注意观察温度，当在 2～3 min 内温度不

变时,认为气-液相达到平衡,记下温度数值。停止加热,迅速用干燥的毛细滴管取气相凝液样品,测其折射率。用丙酮洗净折光仪棱镜后,再用另一支干燥毛细滴管取液相样品,测定其折射率。洗净棱镜,作好下次测定折射率的准备工作。测定完毕,用虹吸管及洗耳球吸出Ⅰ号溶液装入原溶液瓶内(切勿装错)。

(6)在平衡仪内加入Ⅱ号溶液,按上述步骤重复操作,再依次测Ⅲ～Ⅹ号溶液的性质。

(7)实验完毕,切断恒温槽电源,擦净折光仪,重读大气压力。

五、数据处理

(1)用配制标准溶液时的室温求环己烷和乙醇的密度,再用算得的结果及它们的摩尔质量,将各标准溶液的体积百分数浓度换算为物质的量分数浓度,并以溶液的物质的量分数对折射率绘制标准线;或将此实验数据用以下方程回归,则有

$$n_D = a + bx + cx^2$$

(2)由标准线或回归方程求出各次测定气、液相样品的物质的量分数浓度。绘制环己烷-乙醇体系的沸点-组成图。此图压力条件应为两次测得大气压力的平均值。

(3)计算含乙醇的物质的量分数为0.10及0.80的环己烷-乙醇溶液在它们各自气-液平衡温度下两组分的活度系数。

六、思考题

(1)本实验中如何判断气-液相平衡?用相律加以说明。如果取样口或空气口塞子漏气,会有什么现象?为什么?

(2)折射率-组成标准线测定误差可能来自哪些方面?应采取哪些措施来减少误差?

(3)本实验中气液平衡仪及毛细滴管为什么必须干燥?本实验测得沸点-组成相图的误差主要来源是哪些操作?

(4)在气-液平衡仪内的物系中,为什么说总浓度就是原始溶液浓度?在达到气-液平衡时,哪部分数量为平衡的气相量?哪部分为平衡的液相量?

(5)此实验中Ⅰ～Ⅹ号溶液的浓度应如何选择?若某一号溶液浓度发生不大的变化,对实验测得相图有否影响?

实验六　二组分金属固-液平衡相图的测绘(一)

一、实验目的

(1)掌握用热分析法(步冷曲线法)测绘 Sn-Bi 二组分金属相图的方法。

(2)了解固-液相图的特点,进一步学习和巩固相律等有关知识。

(3)掌握热电偶测量温度的基本原理。

二、实验原理

较为简单的二组分金属相图主要有三种:①液相完全互溶,凝固后固相也能完全互溶成固体混合物的系统,最典型的为 Cu-Ni 系统;②液相完全互溶而固相完全不互溶的系统,最典型的是 Bi-Cd 系统;③液相完全互溶,而固相是部分互溶的系统,如 Sn-Bi 系统。

热分析法(步冷曲线法)是绘制相图的基本方法之一。它是利用金属及合金在加热和冷却过程中发生相变时,潜热的释出或吸收及热容的突变,来得到金属或合金中相转变温度的方法。通常的做法是先将金属或合金全部熔化,然后让其在一定的环境中自行冷却,并在记录仪上自动画出(或人工画出)温度随时间变化的步冷曲线,如图 2-13 所示。当熔融的系统均匀冷却时,如果系统不发生相变,则系统的温度随时间的变化是均匀的,冷却速率较快(如图中 ab 线段);若在冷却过程中发生了相变,由于在相变过程中伴随着放热效应,所以系统的温度随时间变化的速率发生改变,系统的冷却速率减慢,步冷曲线上出现转折(如图中 b 点)。当熔液继续冷却到某一点(如图中 c 点)时,熔液系统以低共熔混合物的固体析出。在低共熔混合物全部凝固以前,系统温度保持不变,因此步冷曲线上出现水平线段(如图中 cd 线段);当熔液完全凝固后,温度才迅速下降(如图中 de 线段)。

由此可知,对组成一定的二组分低共熔混合物系统,可以根据它的步冷曲线得出有固体析出的温度和低共熔点温度。根据一系列组成不同系统的步冷曲线的各转折点,即可画出二组分系统的相图(温度-组成图)。不同组成熔液的步冷曲线对应的相图如图 2-14 所示。

用热分析法(步冷曲线法)绘制相图时,被测系统必须时时处于或接近相平衡状态,因此冷却速率要足够慢才能得到较好的结果。

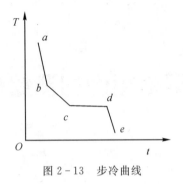

图 2-13　步冷曲线

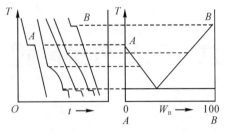

图 2-14　不同组成熔液的步冷曲线对应的相图

三、仪器与试剂

(1)MPD-01 四通道金属相图仪 1 套(见图 2-15);

(2)纯 Bi、纯 Sn 等。

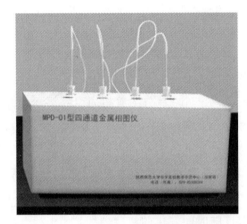

图 2-15　MPD-01 四通道金属相图仪

四、实验步骤

(1)记录试管内样品名称(例如 A 组 100%Bi)。

(2)检查样品开关及炉壁开关是否均处于关闭状态,检查拨档开关是否处于最低档(逆时针旋转不动即可),在其均是关闭状态下,打开相图仪开关(仪器左后下方)。

(3)检查仪器参数设置,定时 15 s(第一排显示窗口),加热上限温度 280℃(样品温度,第二排显示窗口),确认以上参数正确。

(4)打开两个样品开关及炉壁开关,样品开始加热,当样品温度达到 280℃时,恒温 3 min。

(5)关闭样品管加热开关,体系开始降温。根据指示灯的提示,每隔 15 s 记录一个实验数据:当左面指示灯亮时,迅速记录左面样品温度数据;当右面指示灯亮时,迅速记录右面样品温度数据。

(6)在记录数据过程中,当样品温度降到 265℃左右时,调节拨档开关处于第二档(顺时针旋转一档),当样品温度降到 250℃左右时调节拨档开关处于第三档,依此类推,温度每降

15℃,拨档开关依次增加一档,直到拨档开关旋转到最大。

(7)体系温度降到110℃以下时,停止记录数据。拨档开关逆时针旋转到最小,关闭样品及炉壁加热开关。

(8)在金属相图测定仪的样品孔中插入另一组待测样品,重复第(4)～(7)步再次进行测量。

(9)实验结束,关闭相图仪总开关。

五、数据记录与处理

(1)以温度为纵坐标,时间为横坐标,作出各组分的冷却曲线。

(2)在冷却曲线上找出各组分的熔点温度,以其为纵坐标,组成为横坐标,作出 Sn - Bi 二组分金属相图。

(3)依据 x 组的冷却曲线的转折点,确定出 x 组的成分。

六、思考题

(1)冷却曲线上为什么会出现转折点?纯金属、低共熔金属及合金的转折点各有几个?它们的曲线形状为何不同?

(2)若已知二组分系统的许多不同组成的冷却曲线,但不知道低共熔物的组成,有何办法确定?

(3)各样品的设定温度是否相同,应如何确定?

(4)如何控制好冷却降温的速度?

实验七　二组分金属固-液平衡相图的测绘(二)

一、实验目的

(1)用热分析法测绘 Bi-Sn 二元合金相图。

(2)了解热分析法的测量技术与有关测量温度的方法。

二、实验原理

相图是多相(两相及两相以上)体系处于相平衡态时体系的某物理性质(最常见是温度)对体系的某一自变量(如组成)作图所得的图形,图中能反映出相平衡情况(相的数目及性质等),故称为相图。二元或多元的相图常以组成为变量,其物理性质则大多取温度,由于相图能反映出多相平衡体系在不同条件(如自变量不同)下的相平衡情况,故研究多相体系的性质以及多相体系平衡的演变(例如,冶金工业中钢铁、合金的冶炼过程,化学工业中原料分离制备过程)等都要用到相图。

二组分金属相图是表示两种金属元素的混合体系组成与凝固点关系的图,它也是固-液两相平衡时液相组成与温度的关系图。由于体系为固-液平衡体系,属于凝聚体系,其相图可视为不受压力影响。若两种金属元素不能形成稳定的或不稳定的化合物,而且它们的固相是完全不互溶的,则它们的混合体系具有最简单的二组分固-液平衡相图(见图 2-16)。

在图 2-16 中,A,B 表示二组分的名称,纵坐标表示温度,横坐标表示组分 B 的质量百分浓度。ac 线及 bc 线都表示混合溶液凝固点与溶液组成的关系。当浓度为 P 的 A-B 溶液温度高于 G 点对应的温度时,为完全互溶的液相,当温度降至 G 点对应的温度时,溶液析出纯 A 的固相,则此点温度是浓度为 P 的溶液的凝固点;也可以认为 P 是当温度处于 G 点时固体 A 在 B 液体中的溶解度。若此混合体系再降温,将不断析出纯 A 固体,液相浓度延 Gc 曲线向 c 点移动,当温度降至 H 点对应值时,溶液浓度为 c 点对应值,同时析出纯 A 及纯 B 两个固相。此时,三相平衡,温度不再变化,直至溶液全部凝固,液相消失,温度才可能下降。如果混合体系中组分 B 含量大于 C 点所对应值时,溶液凝固时首先析出纯 B 固体,其余情况与上述类似。在此相图中,可以认为在 acb 线上方区域内各点表示 A-B 混合体系只有一个液相存在;在 ace 所包围区域内各点表示有一个固相(纯 A)和一个液相(A 在 B 中的饱和溶液)共存;在 bcf 所包围区域中各点表示纯 B 固相与 B 在 A 中的饱和溶液(液相)共存;ef 线上各点表示纯 A 固相,纯 B 固相与组成为 c 点对应横坐标的 A-B 溶液三相共存;ef 线以下区域中各点表示纯 A 和纯 B 两个固相共存的混合体系。c 点对应的温度称为低共熔点,c 点对应的混合物称低共熔混合物。因此,此相图又称为二元简单低共熔物相图。

各种体系不同类型相图的解析在物理化学课程中占有重要地位。相图的制作有很多方法,统称为物理化学分析法,而对凝聚相的研究(如固-液相、固-固相等),通常是借助分析相变过程中的温度变化而进行的,观察这种热效应的变化情况,以确定一些体系的相态变化关系,如热分析及差热分析方法。本实验就是用热分析法绘制二元金属相图。

热分析法是先将体系加热熔融成一均匀液相,然后让体系缓慢冷却,并每隔一定时间(例如 30 s 或 1 min),读体系温度一次,将所得温度值对时间作图,可得一曲线,称为步冷曲线或冷却曲线(见图 2-17)。

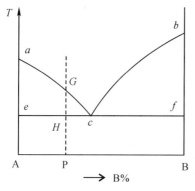

图 2-16　二元简单低共熔物相图

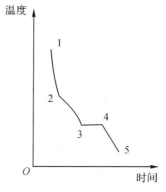

图 2-17　步冷曲线

二元体系相图种类很多,其步冷曲线也各不相同,但步冷曲线的基本类型可分为 3 种。如图 2-18 所示的Ⅰ,Ⅱ,Ⅲ。一个系统若在步冷过程中相继发生几个相变过程,那么,步冷曲线将是一个很复杂的形状,对这些曲线进行逐段分析,大致可以看出它们都是由几个基本类型组合而成的。

图 2-18 中,步冷曲线Ⅰ为单元体系步冷曲线。当冷却过程中无相变发生时,冷却速度是比较均匀的(ab 段),到点 b 开始有固体析出,这时放出的凝固潜热与环境散热达成平衡,此时自由度 $f = 0$,温度不变。当液体全部结晶完,温度才开始下降(cd 段)。固态下无相变,温度也均匀下降。

步冷曲线Ⅱ为二元体系,ab 段与前述相同。当到点 b 时有固相析出,此时固相与液相组成不同,但整个相变过程中只有一个固相(固溶体)与液相平衡,自由度 $f=1$,由于有凝固潜热放出,故温度随时间变化比较缓慢,当到点 c 时液相消失,只有一个固相(固溶体),若无相变,温度又均匀下降(cd 段)。

步冷曲线Ⅲ为二元体系,ab 段与前述相同,到点 b 有固相析出,此时体系失去了一个自由度,继续冷却到点 c,除了一个固相还有另一个固相析出,此时体系又减少了一个自由度,$f = 0$,冷却曲线上出现了一个水平台(cd 段),液相消失后,又增加了一个自由度,$f = 1$,温度继续下降。若无相变,均匀冷却(de 段)。

对纯净金属或由纯净金属组成的合金,当冷却十分缓慢又无振动时,有过冷现象出现,液体可下降至比正常凝固点更低的温度才开始凝固,固相析出后又逐渐使温度上升到正常的凝固点。图 2-19 中曲线Ⅱ表示纯金属有过冷现象时的步冷曲线,而曲线Ⅰ为无过冷现象时的步冷曲线。

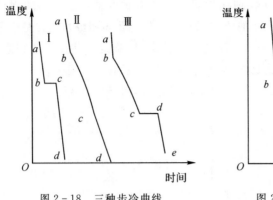

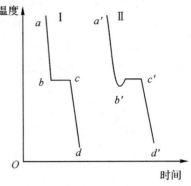

图 2-18　三种步冷曲线　　　　　图 2-19　过冷步冷曲线

因物性不同,二元合金相图有很多种不同类型,Pb-Sn 合金相图是具有低共熔点、固态下部分互溶的二元相图,如图 2-20 所示。

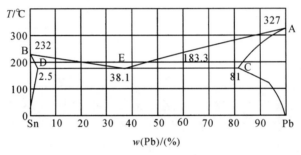

图 2-20　Pb-Sn 相图

对各种不同成分的合金进行测定,绘制步冷曲线,在步冷曲线上找出转折点和水平台的温度,然后在温度-成分坐标上确定相应成分的转折温度和水平台的温度,最后将转折点和恒温点分别连接起来,就得到了相图。

从相图的定义可知,用热分析法测绘相图要注意以下问题:测量体系要尽量接近平衡态,故要求冷却不能过快;此外对样品的均匀度也要充分考虑,一定要防止样品的氧化及混有杂质(否则会变成另一个多元体系),高温影响下特别容易出现此类实验现象;为了保证样品均匀冷却,温度还是稍高一些为好,热电偶放入样品中的部位和深度要适当。测量仪器的热容及热传导也会造成热损耗,对精确测定有较大影响,实验中必须注意,否则,会出现较大的误差,使测量结果失真。

本实验测定 Bi-Sn 二元金属合金体系的相图。

三、仪器与试剂

(1)SWKY 数字控温仪 1 台;

(2)KWL-08 可控升降温电炉 1 台;

(3)纯 Bi、纯 Sn 等。

四、实验装置连接示意图

实验装置连接示意图如图 2-21 所示。

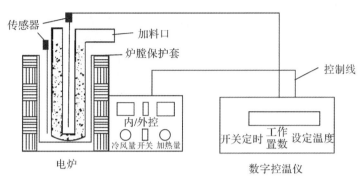

图 2-21 实验装置图

五、实验步骤

(1)将 SWKY 数字控温仪和 KWL-08 可控升降温电炉接通电源(注意电炉置于外控状态)。

(2)此时 SWKY 数字控温仪置于"置数"状态,设定温度为 340℃(参考值),再将控温仪置于"工作"状态。"加热量调节"旋钮顺时针调至最大(可超过 360°旋转),加热电压仪表盘指针来回摆动,此时样品开始加热直至熔化。

(3)待温度达到 340℃后,保持 2 min(此时不需要任何操作,只需观察体系温度即可),再将传感器取出并插入试管中间的孔中。

(4)将控温仪置于"置数"状态,"加热量调节"旋钮逆时针调至零,停止加热。

(5)调节"冷风量调节"旋钮(300~280℃电压调至 4 V;280~250℃电压调至 4.5 V;250~220℃电压调至 5 V;220~190℃电压调至 5.5 V;190~150℃电压调至 6 V;150~110℃电压调至 6.5 V),设置控温仪的定时间隔,30 s 记录温度一次,直到体系温度降到 110℃以下,结束一组实验,得出该配比样品的步冷曲线数据。

(6)重复步骤(3)~(5),依次测出所配各样品的步冷曲线数据。

(7)根据所测数据,绘出相应的步冷曲线,再进行 Bi-Sn 二组分体系相图的绘制,注出相图中各区域的相平衡。

六、数据处理

(1)通过各组步冷曲线确定各组样品的拐点或平台温度,并对照相图分析误差大小及原因。

(2)根据某步冷曲线,确定两金属的含量各为多少。

七、思考题

(1)是否可用加热曲线来作相图?为什么?

(2)为什么要缓慢冷却合金作步冷曲线?

实验八　电导法测定乙酸乙酯皂化反应的速率常数

一、实验目的

(1)了解一种测定化学反应速率常数的物理方法——电导法。

(2)了解二级反应的特点,学会用图解法求二级反应速率常数。

(3)学会通过测量不同温度下的速率常数,用图解法求算反应的表观活化能。

(4)培养使用计算机软件来处理实验数据的能力。

二、实验原理

乙酸乙酯皂化反应是一个典型的二级反应:

$$CH_3COOC_2H_5 + OH^- \longrightarrow CH_3COO^- + C_2H_5OH$$

设在时间 t 时生成物的浓度为 x,则该反应的动力学方程式为

$$\frac{dx}{dt} = k(a-x)(b-x) \qquad (2-20)$$

式中:a,b 为乙酸乙酯和碱(NaOH)的起始浓度;k 为反应速率常数。若 $a = b$,则式(2-20)变为

$$\frac{dx}{dt} = k(a-x)^2 \qquad (2-21)$$

由积分式(2-21)得

$$k = \frac{1}{t} \frac{x}{a(a-x)} \qquad (2-22)$$

由实验测得不同 t 时的 x 值,则可依式(2-22)计算出不同 t 时的 k 值。如果 k 值为常数,就可证明反应是二级的。通常是用 x 对 t 作图,若为一直线,也可证明是二级反应,并从直线的斜率求取 k 值。

式(2-22)中 a 为反应物的初始浓度,x 为产物浓度,不同时间下产物的浓度可用化学分析法测定(如分析反应液中 OH^- 的浓度),也可用物理法测定(如测量电导)。本实验用电导仪跟踪测量皂化反应进程中电导率随时间的变化,从而达到跟踪反应物浓度随时间变化的目的。其原理如下:

(1)溶液中 OH^- 的电导率比 CH_3COO^-(可写为 Ac^-)的电导率大得多,因此在反应进行过程中,电导率大的 OH^- 逐渐为电导率小的 CH_3COO^- 所取代,溶液的电导率也就随之

下降。

（2）在稀溶液中，每种强电解质的电导率与其浓度成正比，而且溶液的总电导率就等于组成溶液的电解质的电导率之和。

根据以上两点，乙酸乙酯皂化反应的反应物和生成物只有 NaOH 和 NaAc 是强电解质。如果在稀溶液下反应，则有

$$\kappa_0 = A_1 a \quad , \quad \kappa_\infty = A_2 a \quad , \quad \kappa_t = A_1(a-x) + A_2 x$$

式中：A_1，A_2 为与温度、溶剂、电解质 NaOH 及 NaAc 的性质有关的比例常数；κ_0，κ_∞ 为反应开始和终了时溶液的总电导率（此时只有一种电解质）；κ_t 为时间 t 时溶液的总电导率。

由以上 3 式可得：t 时刻，$x = \beta(\kappa_0 - \kappa_t)$，其中 β 为比例常数；$t = \infty$，$c - x = \beta(\kappa_t - \kappa_\infty)$。则有

$$kt = \frac{x}{c(c-x)} = \frac{\kappa_0 - \kappa_t}{c(\kappa_t - \kappa_\infty)} \tag{2-23}$$

或者

$$\frac{\kappa_0 - \kappa_t}{\kappa_t - \kappa_\infty} = ckt \tag{2-24}$$

由式（2-24）可看出，作 $\dfrac{\kappa_0 - \kappa_t}{\kappa_t - \kappa_\infty}$ 与 t 的关系图，可得一直线，其斜率为 ck，由此可求出反应的速率常数 k。

反应速率常数 k 与温度 T 的关系一般符合 Arrhenius 公式，即

$$\frac{d\ln k}{dT} = \frac{E_a}{RT^2} \tag{2-25}$$

积分式（2-25），得

$$\ln k = -\frac{E_a}{RT} + C \tag{2-26}$$

式中：C 为积分常数；E_a 为反应的表观活化能。

在不同的温度下测定速率常数 k，以 $\ln k$ 对 $1/T$ 作图，应得一直线，由直线的斜率可求得 E_a；也可以通过测定两个温度下的速率常数，用定积分式来计算，即

$$\ln \frac{k_2}{k_1} = \frac{E_a}{R}\left(\frac{1}{T_1} - \frac{1}{T_2}\right) \tag{2-27}$$

三、仪器和试剂

（1）SASE-01 型乙酸乙酯皂化反应装置 1 套（见图 2-22）；

（2）DDS-11A 型电导仪 1 台；

（3）10 mL 移液管 3 只；

（4）25 mL 比色管 6 只；

（5）500 mL 容量瓶 3 个；

（6）50 mL 碱式滴定管 1 只；

（7）250 mL 锥形瓶 3 只；

（8）250 mL 烧杯 1 个；

（9）洗瓶 1 个；

（10）乙酸乙酯（分析纯），氢氧化钠（分析纯），邻苯二甲酸氢钾（基准），0.06 mol/L HAc 溶

液,酚酞指示剂。

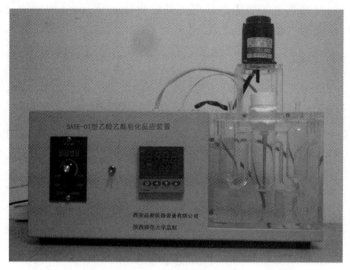

图 2-22 SASE-01 型乙酸乙酯皂化反应装置

四、实验步骤

(一)仪器准备

打开电导仪的电源开关,预热。校准电导率仪。

检查乙酸乙酯皂化反应装置中恒温水浴水位是否正常(水位处于加热棒上沿),检查加热开关和搅拌开关是否处于关闭状态,开启仪器电源。设定水浴温度为 30℃,打开加热开关和搅拌器开关,调节搅拌速度在 450 r/min 左右(可上下浮动 10~20 r/min)。

(二)溶液配制

NaOH 溶液以及 $CH_3COOC_2H_5$ 溶液的配制:称取大约 0.40 g NaOH,放至 500 mL 容量瓶中,加适量去离子水,震荡至全部溶解,加去离子水稀释至刻度线;取少量溶液,用大约0.1 g(应准确称量)基准邻苯二甲酸氢钾分别标定三次,取平均值作为 NaOH 溶液的浓度,据此配制相应浓度的 $CH_3COOC_2H_5$ 溶液。

(三)乙酸乙酯皂化反应电导率的测定

1. κ_0 和 κ_∞ 的测量

在 6 个 25 mL 比色管中分别加入 12.5 mL NaOH 溶液,依次向其中加入 0 mL,2 mL,3 mL,4 mL,5 mL,6 mL 的 0.06 mol·L^{-1} CH_3COOH 溶液,分别用去离子水稀释至刻度,盖上塞子,摇匀后放入皂化反应装置中恒温 10 min,测定 6 个比色管中溶液的电导率值,由此测得 κ_0,并通过作图求得 κ_∞ 的值。

2. κ_t 的测量

(1)将三管电导池安装在恒温水浴内,盖上中间管盖,插入电极,关闭搅拌器电源,用传动橡圈连接三管电导池搅拌竿和恒温水浴搅拌杆,开启搅拌器电源。

(2)用移液管移取 25 mL 已标定的 NaOH 溶液放入左管中,用另一根移液管移取 25 mL

准确配制的 $CH_3COOC_2H_5$ 溶液放入右管,恒温 5 min。

(3)用两个洗耳球分别将左管和右管溶液同时挤入中间管,大约挤入一半时开始计时。

(4)每隔 2 min 读一次数据,读取 30 个数据后停止记录。停止搅拌,取出三管电导池并清洗干燥后备用。

3.速率常数 k 的测定

调节恒温水浴温度至 35℃,重复步骤 1 和步骤 2,测定 35℃时乙酸乙酯皂化反应的速率常数 k。

五、数据记录与处理

(1)以 $(\kappa_0 - \kappa_t)/(\kappa_t - \kappa_\infty)$ 对 t 作图,由所得直线斜率分别求出 30℃和 35℃时乙酸乙酯皂化反应的速率常数 k。

(2)根据 Arrhenius 公式,利用 30℃和 35℃时乙酸乙酯皂化反应的速率常数 k 求算反应的表观活化能 E_a。

六、注意事项

(1)动力学速率常数与温度有关,反应液加入反应器后应恒温 10 min,不可立即测量。

(2)电导率仪的使用方法:每次更换溶液时要先用蒸馏水淋洗电极,用滤纸条吸干电极表面水分后,再用少量待测液仔细淋洗电极后再进行测量。不可用滤纸擦拭铂黑电极。

(3)在实验中最好用煮沸且置于密闭容器中的重蒸水,同时在配好的 NaOH 溶液上装配碱石灰吸收管,以防止空气中 CO_2 的溶入。

(4)乙酸乙酯溶液和 NaOH 溶液浓度必须相同。

(5)乙酸乙酯溶液需临时配制,配制时动作要迅速,以减少挥发损失。

七、思考题

(1)如何由实验结果验证乙酸乙酯皂化反应为二级反应?

(2)为什么要使两种反应物的浓度相等?

(3)若 $CH_3COOC_2H_5$ 与 NaOH 溶液均为浓溶液,能否用此方法求反应速率常数 k 值?为什么?

八、实验延伸

利用该实验的方法可以测量各种溶液的电导率,也可检验水的纯度等。

实验九　电动势法求取热力学函数

一、实验目的

(1)掌握可逆电池电动势的测量原理及电位差计的使用方法。

(2)掌握电动势法测定化学反应热力学函数的有关原理和方法。

二、实验原理

如果一个反应可被设计成为可逆电池,则该电池反应在恒温恒压下的吉布斯自由能变化 ΔG_m 和电动势 E 有以下关系:

$$\Delta G_m = -nFE \qquad (2-28)$$

式中: n 为此反应进行单位反应进度时,电池中各电极上得失电子的物质的量; F 为每摩尔电子的带电量,称为法拉第常数,数值为 96 484.6 C $\cdot$ mol^{-1}; E 为可逆电池电动势。因为

$$\left(\frac{\partial \Delta G_m}{\partial T}\right)_p = -\Delta S_m \qquad (2-29)$$

所以

$$\Delta S_m = nF \left(\frac{\partial E}{\partial T}\right)_p \qquad (2-30)$$

$$\Delta H_m = -nFE + nFT \left(\frac{\partial E}{\partial T}\right)_p \qquad (2-31)$$

在恒压下测定不同温度下可逆电池电动势,以电动势对温度作图,从曲线的斜率可求得任一温度下的 $\left(\frac{\partial E}{\partial T}\right)_p$。由式(2-28)、式(2-30)及式(2-31)可计算该电池反应在各温度下的 ΔG_m,ΔS_m 及 ΔH_m。

对于化学反应　　　Zn(s) + 2 AgCl(s) === ZnCl$_2$(aq) + 2Ag(s)

可设计成以下可逆电池:

$$(-)Zn(s) | ZnCl_2(0.1 \text{ mol} \cdot L^{-1}) \| AgCl(s) | Ag(s)(+)$$

在室温附近,该电池电动势与温度呈近似直线关系。

三、仪器与试剂

(1)恒温水浴 1 套;

(2)SDC-Ⅱ数字电动势综合测定仪 1 台;

(3)H 管 1 只;

(4)锌电极 1 支；

(5)Ag－AgCl 电极 1 支；

(6)$Hg_2(NO_3)_2$ 饱和溶液，稀 H_2SO_4。

四、实验步骤

(1)装置恒温水浴槽。将温度控制器调至比室温高 1～2℃，然后开启恒温水浴。

(2)锌电极的处理。用 0 号砂纸轻轻地把锌电极擦亮，然后插入稀 H_2SO_4 溶液中 1 min 左右，取出用蒸馏水洗净后，插入 $Hg_2(NO_3)_2$ 饱和溶液中片刻，使锌表面形成一层薄的 Zn－Hg 汞齐，以防止电极表面生成 $ZnCO_3-3Zn(OH)_2$ 薄膜而引起电极钝化，取出后，用滤纸轻轻拭擦，使汞齐均匀(注意：汞有剧毒，所有的滤纸应丢在指定的水杯中，绝不允许随便乱丢)。

(3)在干净的 H 管中，倒入 0.1 mol·L^{-1} 的 $ZnCl_2$ 溶液，分别插入 Ag－AgCl 电极和锌电极，使构成以下电池：Zn(s)│$ZnCl_2$(0.1 mol·L^{-1})‖AgCl(s)│Ag(s)。把原电池装置放入恒温槽中，恒温 10 min。

(4)将被测定电池按"＋""－"极性与测量端子对应连接好。

(5)将"测量选择"置于"内标"位置，调节"1"到"10^{-5}"6 个旋钮，使"电位指示"为"1.00000"V，然后调节"检零指示"，使"检零指示"接近"0000"。

(6)将被测电池按"＋""－"极性对应和面板"测量"端连接好，并将"测量选择"置于"测量"，调节"1"到"10^{-5}"6 个旋钮，使"检零指示"接近"0000"，此时，"电位指示"值即为测量温度下的被测电动势值，每一个温度至少测量 3 个值并记录于表 2－5 中。

(7)将恒温槽温度升高 4～6℃重复以上步骤，一共做 5 个温度，调节温度时必须使温度升高到测定值以后，再继续恒温 10 min。

五、数据处理

(1)将测得的数据填入表 2－5。

表 2－5　实验数据记录表

$t/℃$	25.00			
T/K	298.15			
E/V				
E/V				
E/V				
$\overline{E}/V$				

(2)作 $E-T$ 图，在 25℃处作切线，求该点斜率 $\left(\dfrac{\partial E}{\partial T}\right)_p$ 的数值，计算电池反应在 25 ℃的 ΔG_m，ΔS_m 及 ΔH_m。

六、思考题

(1)锌电极为什么要汞齐化？

(2)在测定电动势过程中，若微电流计总出现正或负，可能是什么原因？

(3)测定可逆电池电动势为何要用对消法？

实验十 溶液表面吸附的测定
——加压法和减压法

一、实验目的

(1)掌握测定表面张力的原理和方法。

(2)了解影响表面张力测定的影响因素。

(3)通过最大气泡压力的测定,进一步了解气泡压力与半径及表面张力的关系。

(4)测定不同浓度的正丁醇水溶液的表面张力,根据吉布斯吸附公式计算溶液表面的吸附量及饱和吸附时每个分子所占的表面面积。

二、实验原理

当液体加入某种溶质时,液体的表面张力就会升高或降低,对同一溶质来说,液体表面张力变化的多少随着溶液的浓度不同而异。

吉布斯在1878年以热力学方法导出溶液中浓度变化和表面张力关系的公式。对两组分的稀溶液,则有

$$\Gamma = -\frac{C}{RT} \times \frac{\mathrm{d}\sigma}{\mathrm{d}C} \tag{2-32}$$

式中：Γ 为单位表面($1~\mathrm{cm^2}$)被吸附物质的量；C 为溶液的浓度($\mathrm{mol \cdot L^{-1}}$)；$\sigma$ 为表面张力,它的物理意义是在一定温度下液体表面积增加 $1~\mathrm{cm^2}$ 所需的功。当 $\mathrm{d}\sigma/\mathrm{d}C < 0$ 时,$\Gamma > 0$,称为正吸附,也就是增加浓度时,溶液的表面张力降低而表面层的浓度大于溶液里面的浓度;当 $\mathrm{d}\sigma/\mathrm{d}C > 0$ 时,$\Gamma < 0$,称为负吸附,也就是增加浓度时,溶液的表面张力增大而表面层的浓度小于溶液里面的浓度。

溶于液体中使 σ 降低的物质称为表面活性物质,反之,称为非表面活性物质。在水溶液中,表面活性物质有显著的不对称结构,它是由极性(亲水)部分和非极性(憎水)部分构成的。在水溶液表面,一般极性部分取向溶液内部,而非极性部分则取向空气部分。

对于有机化合物来说,表面活性物质的非极性部分为碳氢基,而极性部分一般为 $-\mathrm{NH_2}$,$-\mathrm{OH}$,$-\mathrm{SH}$,$-\mathrm{COOH}$,$-\mathrm{SO_3}$ 等。

表面活性物质分子在溶液表面的排列情况,随其在溶液中的浓度不同而异。图2-23所示为分子在界面上的排列,在浓度极小的情形下,物质分子平躺在溶液表面上,如图2-23(a)所示,浓度逐渐增加时,分子的排列如图2-23(b)所示,最后,当浓度增加至一定浓度时,被吸附的分子占据了所有的表面,形成饱和的吸附层,如图2-23(c)所示。

作出 $\sigma = f(C)$ 的等温曲线，可以看出，在开始时 σ 随 C 的增加而下降很快，而以后的变化比较缓慢，根据曲线 $\sigma = f(C)$，可以通过作图法（见图 2-24）求出 $\Gamma = \varphi(C)$ 的关系，在 $\sigma = f(C)$ 曲线上取一点 a，通过 a 点，作曲线的切线和平行横坐标的直线，分别交纵轴于 b, b'。令 $bb' = Z$，则

$$Z = -C \frac{\mathrm{d}\sigma}{\mathrm{d}C}$$

可得

$$\Gamma = \frac{Z}{RT}$$

取曲线上不同的点，就可得出不同的 Z 值，从而得到 $\Gamma = \varphi(C)$。

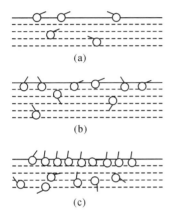

图 2-23　被吸附分子在界面上的排列

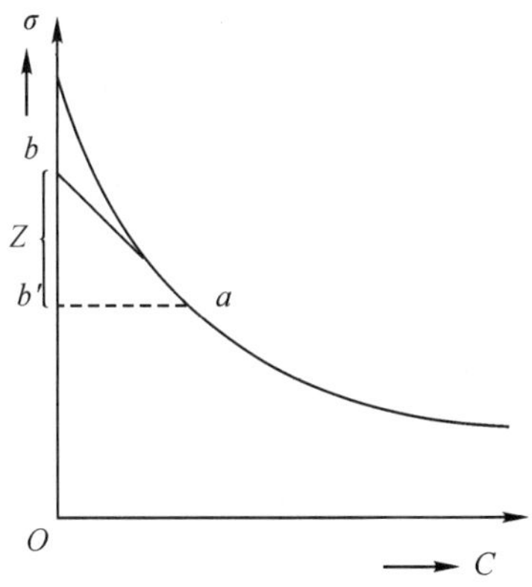

图 2-24　表面张力和浓度关系图

朗格缪尔提出 Γ 与 C 的关系式：

$$\Gamma = \Gamma_\infty \times \frac{KC}{1 + KC} \tag{2-33}$$

式中：Γ_∞ 为吸附饱和值；K 为一常数。如果将此式两边取倒数，可得

$$\frac{C}{\Gamma} = \frac{C}{\Gamma_\infty} + \frac{1}{K\Gamma_\infty} \tag{2-34}$$

可见若作 $\frac{C}{\Gamma}$-C 图，所得直线斜率的倒数即为 Γ_∞。

如果以 N 代表 1 cm² 表面上的分子数，则得 $N = \Gamma_\infty N_A$，N_A 为阿伏伽德罗常数，每个分子在表面上所占的面积为

$$q = \frac{1}{\Gamma_\infty N_A} \tag{2-35}$$

本实验用最大气泡压力法测定表面张力，下述介绍此法的原理。

设有一气泡，半径为 r，如图 2-25(a) 所示，其周围为液体，p_0 和 p 为平衡时气泡内外的压力，则

$$\Delta p = p_0 - p = \frac{2\sigma}{r} \tag{2-36}$$

式中，σ 为液-气表面张力。

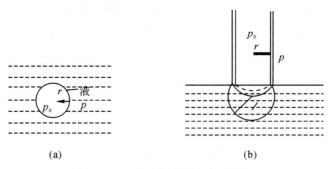

图 2 - 25　最大气泡压力法原理图

　　图 2 - 25(b)所示为毛细管尖端在试管中液面上的情形,当抽气时试管中压力(p)逐渐减小,毛细管中大气压(p_0)就逐渐把管中液面压至管口,形成曲率半径最小(即等于毛细管半径r)的半球形气泡,此时能承受的压力差也最大,即

$$\Delta p_r = p_0 - p = \frac{2\sigma}{r} \tag{2-37}$$

　　如果试管中压力再减少极小量,则大气压将把此气泡压出管口,假设此时"泡"的半径为r',根据式(2-36),"泡"的表面膜能承受的平衡压力差减小为

$$\Delta p_r' = p_0 - p' = \frac{2\sigma}{r} < \Delta p_r \tag{2-38}$$

但实际上所加压力差比Δp_r还大,所以半径r'的"气泡"因不能处于平衡状态而将破裂。破裂时将气带入试管,压力差即下降,故最大的压力差值就表示气泡半径为r时的压力差值。

　　将待测表面张力的溶液约 2 mL 装于干燥(或用待测液洗过)的试管内,使洁净的毛细管尖端恰好接触到液面,利用下口玻璃瓶流出水来使体系内逐渐减压,直至气泡冲出毛细管尖端时,压力计液柱差就突然下降少许。由突然下降前压力计两边液柱的最大高度差 h,可以计算液体的表面张力,因为毛细管直径很小时,管径 r 及压力计的压力差(Δp)与液体的表面张力σ的关系为

$$\sigma = \frac{r}{2}\Delta p \tag{2-39}$$

　　对两种溶液的表面张力σ_1及σ_2以同一毛细管作测定时,可得

$$\sigma_1 = \frac{r}{2}\Delta p_1 \, , \, \sigma_2 = \frac{r}{2}\Delta p_2$$

即

$$\frac{\sigma_1}{\sigma_2} = \frac{\Delta p_1}{\Delta p_2} = \frac{h_1}{h_2}$$

式中,h_1及h_2为两次测量时压力计中液柱高之差,可得

$$\sigma_1 = \sigma_2 \frac{h_1}{h_2} \tag{2-40}$$

　　如果以测定某已知表面张力的液体(如水)作为标准,则另一溶液的表面张力,可以通过测定 h 计算出来,即对同一根毛细管而言,有

$$\sigma_1 = \frac{\sigma_2}{h_2}h_1 = kh_1 \tag{2-41}$$

式中,k 称为毛细管常数,可由实验数值 h_2 和已知的 σ_2 求得。

三、仪器与试剂

(1)表面张力测定仪 1 套;

(2)20 mL 容量瓶 9 个;

(3)铁架 1 只;

(4)1 mL 移液管 1 只;

(5)洗瓶 1 个;

(6)正丁醇(分析纯),摩尔质量 74.12 g·mol^{-1},$n_D^{20}=1.399\ 3$,$D_4^{20}=0.809\ 7$,1 瓶。

四、实验装置示意图

实验装置示意图如图 2-26～图 2-28 所示。

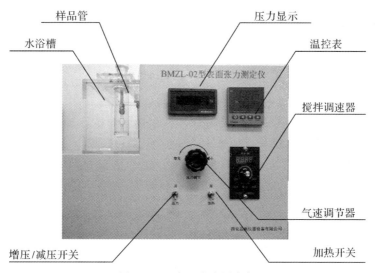

图 2-26 表面张力测定仪

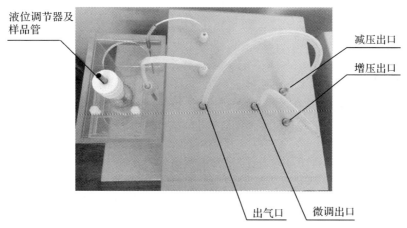

图 2-27 实验装置管路连接

注:此为运输或者保养期间管路的连接方式,非正常实验过程中管路的连接方式。

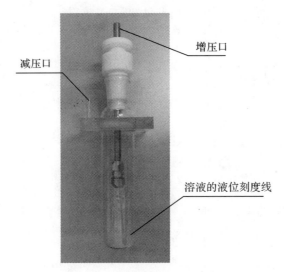

图 2-28　样品管及液位调节器

仪器功能说明如下：

(1)表面张力测定样品管：带有毛细管高度调节器、增压口和减压口。在精确调节毛细管和液面相切的同时，也可以完成增压操作和减压操作。

(2)压力显示模块：精确显示毛细管端所产生气泡的实时压力。

(3)温度控制仪表：用以精确控制恒温水浴的温度，避免因温度波动而造成的测量误差。

(4)搅拌速度调节器：用以调节恒温水浴中磁子的转速，其最大可控制的转速为800 r/min，但磁子的实际转速与磁子的大小和形状有关，设备中提供的磁子的转速可以达到500 r/min 左右，完全可以满足测量要求。

(5)增/减压开关：用来开启增/减压泵。

(6)加热开关：通过温度控制仪表设定测量温度，并且恒温水浴中水的液面处于加热棒上沿时打开加热开关，加热棒才能加热。

(7)气速调节器：利用减速机带动微型针阀，微量调节气速。

五、操作步骤

(一)溶液配制

(1)分别配制浓度为 0.01 mol·L^{-1}，0.02 mol·L^{-1}，0.05 mol·L^{-1}，0.10 mol·L^{-1}，0.15 mol·L^{-1}，0.20 mol·L^{-1}，0.25 mol·L^{-1}，0.30 mol·L^{-1}，0.35 mol·L^{-1}的正丁醇溶液20 mL。按表 2-6 中的正丁醇体积，用吸量管准确配制9种不同浓度的溶液，分别置于9个20 mL容量瓶中。

表 2-6　正丁醇的浓度和体积

浓度/ (mol·L^{-1})	0.01	0.02	0.05	0.10	0.15	0.20	0.25	0.30	0.35
正丁醇/mL	0.02	0.04	0.09	0.18	0.27	0.37	0.46	0.55	0.64

(2)分别用蒸馏水稀释至刻度，摇匀即得到所需浓度的溶液。

(二)表面张力测定

(1)仪器的清洗。将表面张力仪的样品管用蒸馏水冲洗干净,不要在玻璃表面上留有水珠,使毛细管有很好的润湿性。

(2)连接电源,打开电源开关(在仪器后面板上),在恒温水浴槽中加入蒸馏水至加热器的上沿处。

(3)设置水浴温度(一般设置为25℃,当气温较高时,一般设置为气温+5℃),开启加热开关和搅拌开关,调节合适的搅拌速率(一般为500 r/min左右)。

(4)清洗样品管,装入蒸馏水,调节液位调节器,使毛细管与液面相切,恒温10 min。

(5)读取仪器初始压力值 p_1。

(6)加压法:用内径为8 mm的橡胶管,将仪器的增压出口与微压出口连接,再将出气口与样品管的增压口连接,将压力开关打开,调节气速调节器使气泡吹出速率约为2个/min,记录压力表显示的最大正压力值,关闭压力开关。减压法:用内径为8 mm的橡胶管,将微调出口与减压出口相连接,仪器的出气口与样品管的减压口连接,将压力开关打开,调节气速调节器使气泡吹出速率约为2个/min,记录压力表显示的最大负压力值,关闭压力开关。用水的标准表面张力值和上述测定的最大正压力值与最大负压力值的差值(Δp)计算毛细管常数,填入表2-7和表2-8中,关闭压力开关。

(7)取下样品试管,清洗并润洗后,装入待测样品,液位在刻度线附近,调节液位调节器,使毛细管与液面相切,重复上面的操作,每个浓度得到相应的最大正压力值与最大负压力值。

(8)用上述测定的最大正压力值与最大负压力值的差值和毛细管常数计算样品的表面张力。

(三)溶液回收和样品管清洗

(1)将剩下的溶液倒入准备好的广口瓶中,注意对应的编号。

(2)用蒸馏水清洗样品管。

六、数据处理

(1)按表2-7和表2-8记录实验数据。

表 2-7　实验数据记录表(加压法)

	水	正丁醇溶液								
浓度/(mol·L^{-1})	—	0.01	0.02	0.05	0.10	0.15	0.20	0.25	0.30	0.35
Δp/Pa										

表 2-8　实验数据记录表(减压法)

	水	正丁醇溶液								
浓度/(mol·L^{-1})	—	0.01	0.02	0.05	0.10	0.15	0.20	0.25	0.30	0.35
Δp/Pa										

(2)利用公式 $k = \dfrac{\sigma_{水}}{p_{\max 水}}$ 计算毛细管常数。

(3)由正丁醇溶液的实验数据计算各溶液的表面张力,并作 σ-C 曲线。

(4)由 $\sigma - C$ 曲线分别求出浓度为 $0.05\ \mathrm{mol \cdot L^{-1}}$,$0.10\ \mathrm{mol \cdot L^{-1}}$,$0.15\ \mathrm{mol \cdot L^{-1}}$,$0.20\ \mathrm{mol \cdot L^{-1}}$,$0.25\ \mathrm{mol \cdot L^{-1}}$,$0.30\ \mathrm{mol \cdot L^{-1}}$ 时的 $\left(\dfrac{\mathrm{d}\sigma}{\mathrm{d}C}\right)_T$ 值。

(5)利用吉布斯吸附等温式计算出各浓度下的 Γ,将 Γ 及由步骤(3)(4)算出的各项结果填入表 2-9 和表 2-10。

(6)作 $\dfrac{C}{\Gamma} - C$ 图,应得一直线,由直线斜率求出 Γ_∞ 。

(7)计算正丁醇分子的横截面积 S_0(文献值 $S_0 = 19.5\ \mathrm{\mathring{A}^2}$)。

表 2-9 数据处理表(加压法)

浓度/$(\mathrm{mol \cdot L^{-1}})$	$p_{最大}$/mmHg	$\sigma/(\mathrm{N \cdot m^{-1}})$	$\dfrac{\mathrm{d}\sigma}{\mathrm{d}C}$	$\Gamma/(\mathrm{mol \cdot m^{-1}})$	$\dfrac{C}{\Gamma}$
0.01					
0.02					
0.05					
0.10					
0.15					
0.20					
0.25					
0.30					
0.35					

表 2-10 数据处理表(减压法)

浓度/$(\mathrm{mol \cdot L^{-1}})$	$p_{最大}$/mmHg	$\sigma/(\mathrm{N \cdot m^{-1}})$	$\dfrac{\mathrm{d}\sigma}{\mathrm{d}C}$	$\Gamma/(\mathrm{mol \cdot m^{-1}})$	$\dfrac{C}{\Gamma}$
0.01					
0.02					
0.05					
0.10					
0.15					
0.20					
0.25					
0.30					
0.35					

七、注意事项

(1)测定用毛细管一定要干净,否则气泡不能连续稳定地逸出,使压力计的数值不稳,且影响溶液的表面张力。

（2）毛细管一定要保持垂直,管口端面刚好与液面相切。

（3）读取压差时,应取气泡单个逸出时的最大值。

八、思考题

（1）安装仪器时为什么要使毛细管与液面垂直,且管口端面刚好与液面相切？

（2）实验时,为什么溶液浓度以由稀至浓测定为宜？

（3）滴水速度过快,对实验结果有何影响？为什么？

（4）测定中能否应用加压的方法来鼓泡？

实验十一 液体黏度的测定

一、实验目的

(1)学习液体黏度的测定原理和方法。

(2)掌握奥斯特瓦尔德(Ostwald)黏度计(简称奥氏黏度计)的使用方法。

(3)掌握恒温槽的操作方法。

二、实验原理

液体黏度是液体的一种性质,是一层液体在另一层液体上流过时受到的阻力,液体黏度的大小用黏度系数 η 表示,它决定了液体的流速。

测定黏度最常用的仪器是奥斯特瓦尔德(Ostwald)黏度计(见图 2-29)。用此黏度计测定黏度的方法是,测定已知体积的液体(刻度 a 和 b 间的体积)在重力作用下,流过已知长度和半径的毛细管的时间。黏度计算公式为

$$\eta = \frac{\pi r^4 p}{8LV} t \tag{2-42}$$

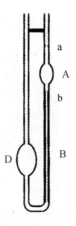

图 2-29 奥斯特瓦尔德黏度计

在适用于奥斯特瓦尔德法的 Poiseuille 方程式(式 2-42)中,p 为液体的静压力($p = gh$),t 是液体流出毛细管的时间(s),r 是毛细管半径,L 为毛细管的长度,V 为流出的液体的体积,η 为液体的黏度。

对于给定的黏度计,实验上可测出式(2-42)中的各变量,从而计算出绝对黏度值,但常用的方法是在选定温度下,测定相对于参考物质的黏度(相对黏度)。常用的参考物质是水。

从式(2-42)可看出,要测定给定温度下物质的相对黏度,必须用同一支毛细管分别测量该温度下待测物和参考物质流过毛细管的时间 t_1 和 t_0,则有

$$\frac{\eta_1}{\eta_0} = \frac{\rho_1 t_1}{\rho_0 t_0} \tag{2-43}$$

式中:η_1 和 η_0 分别为相同的实验条件下用同一支黏度计测出的待测物和参考物质的黏度;ρ_1 和 ρ_0 分别为待测物和参考物质在测量温度下的密度。

测定物质的相对黏度后,可以求出物质的绝对黏度。奥斯特瓦尔德法不适合测定高黏滞和中等黏滞液体的黏度。由于温度变化对液体黏度有显著的影响,黏度随温度的升高而减小,所以测定黏度的实验必须在恒温下进行。绝对黏度的单位为 Pa·s,相对黏度没有单位。

本实验以水为参考物,用奥斯特瓦尔德法测定(35±0.1)℃时乙醇的绝对黏度。

三、仪器与试剂

(1)恒温槽 1 套(包括玻璃缸、加热器、传感器、搅拌器、SWQ 智能数字恒温控制器);

(2)秒表 1 块;

(3)奥斯特瓦尔德黏度计 1 支;

(4)10 mL 移液管 2 支;

(5)无水乙醇(分析纯)。

四、实验步骤

(1)按恒温槽操作方法将恒温槽温度控制在(35±0.1)℃,测量恒温槽灵敏度。

(2)用短胶管连接黏度计中有毛细管的一端,用移液管移取 10 mL 无水乙醇放入预先干燥过的黏度计的 D 球中,然后将黏度计垂直浸入恒温槽内并固定(黏度计的刻度 a 部分全部浸入恒温槽的液面以下)。恒温 15 min 后,用吸耳球经短胶管将乙醇吸至刻度 a 以上,然后移开吸耳球使液面下降,当液面降低到刻度 a 处开始计时,至液面降到刻度 b 时停止计时,记下液体从刻度 a 流经刻度 b 所需的时间。重复该测定 3 次(3 次测定之间误差在 0.2 s 之内)。

(3)将黏度计中的乙醇收回,并将黏度计干燥。

(4)用移液管移取 10 mL 蒸馏水放入黏度计的 D 球中,重复操作(2),测定蒸馏水从刻度 a 流经刻度 b 所需的时间。

(5)实验完毕,将黏度计中的蒸馏水倒出,并将黏度计放入烘箱干燥。关闭恒温槽电源。

五、数据记录与处理

(1)将测量数据填入表 2-11,根据恒温槽的最高和最低温度,计算恒温槽的恒温灵敏度。

表 2 - 11　数据处理表

恒温槽温度		液体流经毛细管的时间/s	
最高温度/℃	最低温度/℃	t_1	t_2

（2）查出实验温度时水的密度及黏度，由式（2-43）计算乙醇在 35℃ 时的绝对黏度，并与文献值比较（在 25℃，30℃ 和 35℃，$\eta_{乙醇}$ 分别为 1.096 cP，1.003 cP 和 0.914 cP，1 cP ＝ 0.001 Pa·s），计算实验的相对偏差。

六、思考题

（1）在测量过程中为何黏度计要垂直安装？

（2）测量过程中温度控制的精度为 ±0.1℃，若忽略时间测量误差，最终结果的测量误差为多少？

（3）测量过程中，为了保持黏度计垂直不摆动，恒温槽的操作应注意什么？

（4）本实验先测定乙醇流出毛细管的时间，再测定蒸馏水流出毛细管的时间，可否按相反次序进行？为什么？

实验十二　电导法测定表面活性剂的临界胶束浓度

一、实验目的

(1)掌握电导率仪的使用方法。

(2)学会离子型表面活性剂的临界胶束浓度测量原理及步骤。

二、实验原理

表面活性剂是具有亲液基团和疏液基团的两亲物质,当溶解在溶剂(如水或有机溶剂)中时,其中的疏液基团会引起液体结构的畸变,增加体系的总自由焓。例如当表面活性剂溶于水中时,其亲水基团以普通方式溶剂化(即水化),而疏水基团通过缔合水分子形成类冰结构而被溶剂化,使水的结构(又称序)发生变化,因而降低了体系的总熵。当表面活性剂分子移动到界面时释放出缔合的水分子,使水重新获得这个熵并降低体系的总自由焓。因此,由热力学第二定律可知,表面活性剂可自发地吸附在界面处,相对于溶剂分子来说,其把表面活性剂分子带到界面处需要的功更少,所以表面活性剂的存在降低了增加界面面积所需的功,即降低了溶液的表面张力。

当表面活性剂浓度极稀时,表面活性剂分子在界面上吸附较少,溶液表面张力降低不多,随着表面活性剂浓度的增加,表面活性剂分子在界面上的吸附急剧增加,表面张力急剧下降。当表面活性剂浓度达到一定值时,界面吸附达到饱和状态,形成一层紧密定向排列的单分子膜。而此时溶液中则开始形成具有一定形状的胶束,它是由几十或几百个表面活性剂分子组成的有序聚集体。如果溶剂是水,则形成的聚集体的疏水基向内,亲水基向外,此时形成的聚集体称为正胶束(简称胶束);如果溶剂是有机溶剂,则形成的聚集体的亲水基向内,疏水基向外,此时形成的聚集体称为反胶束。开始形成胶束时对应的表面活性剂浓度就称为临界胶束浓度。

实验表明,当离子型表面活性剂浓度超过临界胶束浓度后,溶液表面张力基本不再随浓度而变化,而溶液的电导率和增溶能力则随浓度增加而明显增加,如图 2-30 所示。因此,可以利用离子型表面活性剂溶液的这些特征来测定表面活性剂的临界胶束浓度。本实验采用电导法进行测定。

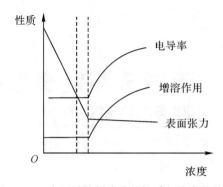

图 2-30 表面活性剂溶液的性质与浓度的关系

三、仪器和试剂

(1)电导率仪 1 台；

(2)2 mL 移液管 1 支；

(3)5 mL 移液管 1 支；

(4)10 mL 移液管 1 支；

(5)100 mL 容量瓶 2 个；

(6)100 mL 烧杯 1 个；

(7)十二烷基硫酸钠、十六烷基三甲基溴化铵、超纯水(电阻率大于 15 MΩ·m^{-1},反渗透纯水制备系统生产)。

四、实验步骤

(1)溶液配置。分别称取 0.6 g 十二烷基硫酸钠和 0.2 g 十六烷基三甲基溴化铵,用超纯水配制成 100 mL 溶液,置于容量瓶中。

(2)测定不同浓度表面活性剂溶液的电导率。准确移取 20 mL 超纯水于 100 mL 烧杯中,按表 2-12 依次加入已配好的十二烷基硫酸钠溶液,并分别测定各样品的电导率。再按同样方法测定十六烷基三甲基溴化铵溶液的电导率。

表 2-12 实验数据

室温:实验前 _____℃ , 实验中 _____℃ , 实验后 _____℃

所加溶液体积 V/mL	2	2	3	3	3	4	4	4	4	4	10	10	10	10
摩尔浓度/(mol·L^{-1})														
电导率 k/(S·m^{-1})														

五、数据记录与处理

分别计算稀释后的十二烷基硫酸钠溶液和十六烷基三甲基溴化铵溶液的摩尔电导率,然后作电导率-浓度关系曲线,从曲线上找出转折点,求出表面活剂溶液的临界胶束浓度,并查阅相关文献值进行比较。

六、思考题

（1）如果实验过程中室温变化较大，对实验结果有何影响？为了消除温度影响，你认为该实验应该作何改进？如何改进？

（2）如果将浓度已知的十二烷基硫酸钠溶液作为标准溶液，是否可以用电导滴定的方法测定十六烷基三甲基溴化铵溶液的浓度？为什么？

实验十三 丙酮碘化反应动力学

一、实验目的

(1)用分光光度计法测定丙酮碘化反应的反应级数、速率常数、表观活化能及指数前因子，研究其反应动力学规律。

(2)熟练掌握分光光度计的使用方法。

二、实验原理

丙酮碘化反应方程式为

$$C_3H_6O + I_2 \xrightarrow{H^+} C_3H_5OI + H^+ + I^-$$

H^+ 为本反应的催化剂，又是其反应产物之一，故此反应为自催化反应，其反应动力学方程式可写为

$$-\frac{dC_{I_2}}{dt} = kC_A^p C_{I_2}^q C_{H^+}^r \tag{2-44}$$

式中：C_{I_2} 为碘的瞬时浓度；C_A 为丙酮的瞬时浓度；C_{H^+} 为 H^+ 的瞬时浓度；p,q,r 分别为对丙酮、碘及 H^+ 的反应级数；k 为反应速率常数。

实验证明：$p=1,q=0,r=1$。因此，一般认为此反应机理可分为两步：

$$CH_3-\overset{\overset{\displaystyle O}{\|}}{C}-CH_3 \underset{k_2}{\overset{k_1}{\rightleftharpoons}} CH_3-\overset{\overset{\displaystyle OH}{|}}{C}=CH_2$$

$$CH_3-\overset{\overset{\displaystyle OH}{|}}{C}=CH_2 + I_2 \xrightarrow{k_3} CH_3-\overset{\overset{\displaystyle O}{\|}}{C}-CH_2I + H^+ + I^-$$

第一步为丙酮的烯醇化反应，它是一个对行反应，且速率常数较小；第二步是烯醇的碘化反应，它是一个快速且能进行到底的反应。

此机理可用稳态近似法处理。推导证明：当 $k_2 \ll k_3 C_{I_2}$ 时，此反应机理与上述实验结果吻合度较好。

由于对 I_2 的反应级数为零，I_2 浓度对反应速率没有影响，则有

$$-\frac{dC_{I_2}}{dt} = kC_A^p C_{H^+}^r \tag{2-45}$$

为了测定 p，r，在 $C_A \gg C_{I_2}$ 及 $C_{H^+} \gg C_{I_2}$ 条件下进行实验，则反应过程中 C_A，C_{H^+} 可近似视为常数，在此条件下对式（2-45）积分，可得

$$C_{I_2} = -kC_A^p C_{H^+} t + A^p \tag{2-46}$$

可见，反应过程中碘的浓度随时间的变化为一直线。由其斜率可求反应速率常数 k 及反应速率。

若在两次实验中，温度及 H^+ 浓度不变，使丙酮浓度 $C_{A2} = \mu C_{A1}$，根据式（2-45），则有

$$\frac{(-dc_{I_2}/dt)_2}{(-dc_{I_2}/dt)_1} = \frac{k(\mu C_{A1})^p C_{H^+}}{kC_{A1}^p C_{H^+}^r} = \mu^p$$

可得

$$p = \ln\left[\left(-\frac{dC_{I_2}}{dt}\right)_2 \Big/ \left(-\frac{dC_{I_2}}{dt}\right)_1\right] \Big/ \ln \mu \tag{2-47}$$

因此，测得这两次实验中的反应速率，可与已知的 μ 值一起求得对丙酮的反应级数 p。用同样的方法，改变 H^+ 浓度，也可测得对 H^+ 的反应级数 r。

在保持 H^+ 浓度不变条件下，改变温度，测得不同温度下的反应速率常数 k，根据 Arrhenius 公式可求得反应的活化能表观 E_a 及指数前因子 A，则有

$$k = Ae^{-E_a/RT} \tag{2-48}$$

$$\ln \frac{k_2}{k_1} = \frac{E_a}{R}\left(\frac{1}{T_1} - \frac{1}{T_2}\right) \tag{2-49}$$

本实验中用分光光度计测定碘浓度的变化。碘在可见光区有一个较宽的吸收带，同一波长的光透过碘溶液时，随溶液中碘浓度的不同，吸光度（或光密度）不同。用分光光度计测定反应过程中不同时间溶液的吸光度，即可测定反应速率及反应速率常数。

若某指定波长的光透过某溶液后光强度为 I，同样的光通过蒸馏水后光强度为 I_0，则吸光度 D 定义为

$$D = -\ln \frac{I}{I_0}$$

根据朗伯-比尔定律，吸光度与溶液浓度的关系式为

$$D = K'lC \tag{2-50}$$

式中：C 为溶液中吸光物质浓度；l 为比色皿的光径长度；K' 为摩尔吸光系数。

在一定温度下用同一比色皿测定同一种物质的吸光度时，$K'l$ 为常数，可以通过该物质的已知浓度 C 的溶液的吸光度 D 来求得。

将式（2-50）用于本实验，$C = C_{I_2}$，代入式（2-46）得

$$D = K'l(-kC_A^p C_{H^+} \cdot t + A^p)$$
$$= -K'l \cdot kC_A^p C_{H^+} \cdot T + A \tag{2-51}$$

式中，$A = A^p K'l$。

在本实验的反应过程中测定吸光度 D 随时间 t 的变化，可以求得反应速率及反应速率常数 k，进而求得反应级数 p，r，活化能 E_a 及指数前因子 A。

三、仪器与试剂

（1）722 型分光光度计 1 台；

(2)3 cm 的比色皿 2 个;

(3)比色皿恒温夹套(见图 2-31)1 个;

(4)恒温槽 1 台;

(5)秒表 1 只;

(6)吹风机 1 把;

(7)50 mL 比色管 2 支;

(8)洗瓶 1 个;

(9)10 mL 移液管 4 支;

(10)100 mL 容量瓶 2 个;

(11)洗耳球 1 个;

(12)0.8 mol·L^{-1} 丙酮溶液,0.4 mol·L^{-1} HCl 标准溶液,0.004 mol·L^{-1} 标准 I$_2$ 溶液(含质量百分数为 4% 的 KI)。

四、操作步骤

(1)把装有蒸馏水的比色皿和一个洗净的空比色皿(光径长约为 3 cm)放入恒温夹套(见图 2-31),并将此恒温夹套放入分光光度计的暗箱中;接通超级恒温槽输出恒温水的管路;打开超级恒温槽电源开关,循环恒温水,将超级恒温槽温度调至 25.0℃。

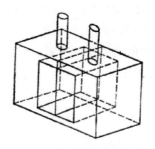

图 2-31 恒温夹套

(2)分光光度计的"零点调节"。接通分光光度计电源,预热,将分光光度计波长调节至 560 nm 的位置。待盛蒸馏水的比色皿达到超级恒温槽温度后(约 15 min),将其置于光路上,调节仪器透光率至 100%。

(3)测定($K'l$)。用所给 0.004 mol·L^{-1} 标准碘溶液,在两个 100 mL 容量瓶中分别准确配制 0.000 5 mol·L^{-1} 及 0.001 mol·L^{-1} 的 I$_2$ 溶液,放入恒温槽中恒温 15 min,然后利用已预热的空比色皿,依次测定配得的两个溶液的吸光度。每次测量时都应用待测溶液将比色皿洗 3 次,并预先进行零点调节,以及用蒸馏水进行透光率 100% 的调节。

(4)25.0 ℃时反应速率的测定。分别用 10 mL 吸量管按表 2-13 第一行所给的量吸取各溶液,将丙酮、蒸馏水放入洗净、干燥的比色管内,将 HCl,I$_2$ 溶液放在另一根比色管内,塞好比色管塞,放入恒温槽中。恒温 20 min 后,迅速将两溶液在同一比色管内混合,震荡,使其混合均匀。用混合液将已预热的比色皿洗 3 次,装满混合液后放入恒温夹套,测定其吸光度,并启动秒表,作为反应的起始时间。以后每隔 2 min 读取一次吸光度,直至取得 10~12 个数据。

每次读数前,都要检查零点,即先将蒸馏水置于光路,使其透光率处于100%。

按表2-13第二行所给的量移取各溶液,重复以上操作进行吸光度与时间的测定,每次读取的时间间隔也如表2-13所示,读取10~12组数据。

表 2 - 13　实验试剂用量表

序号	温度/℃	读取时间间隔/min	0.8 mol·L⁻¹ 丙酮体积/mL	0.4 mol·L⁻¹ HCl体积/mL	0.004 mol·L⁻¹ I₂体积/mL	蒸馏水体积/mL
1	25	2	10	10	10	10
2	25	1	20	10	10	0
3	35	2	10	5	10	15
4	35	1	10	10	10	10

(5)35℃时反应速率的测定。将恒温槽温度调节至35.0℃。按步骤(1)将盛蒸馏水的比色皿及空比色皿预热至恒温槽温度。重复步骤(3),测定35.0℃时的值。

按表2-13中第3,4行中指定的数量移取各反应溶液,重复步骤(4),分别进行两个条件下的35.0℃反应速率测定,按表内指定时间间隔读取10~12组数据。

五、数据处理

(1)用所给标准碘溶液的原始浓度,计算所配 5×10^{-4} mol·L⁻¹ 及 1×10^{-3} mol·L⁻¹ 碘溶液的标准浓度。利用式(2-50)计算各温度下两个浓度碘溶液所测的 $K'l$ 值。每个温度下的 $K'l$ 值,都取两个不同浓度碘溶液所测定结果的平均值。

(2)将表2-13所列4次反应所测得的吸光度 D 和时间 t 数据分别用作图法或最小二乘法处理,求反应速率,根据式(2-51)有

$$-\frac{dC_{I_2}}{dt} = -kC_A^p \cdot C_{H^+} = \frac{\alpha}{K'l}$$

式中, α 为曲线斜率。

(3)计算各次反应对应的丙酮及 HCl 在反应混合液中的浓度。求表2-13中第1,2次反应混合液中丙酮浓度比 μ。利用两次反应的反应速率($-dC_{I_2}/dt$)及 μ,按式(2-47)计算对丙酮的反应级数 p,用同样的方法,根据第3,4次反应的数据计算对 H^+ 反应级数 r。

(4)根据表(2-13)中各次反应的反应速率及对应的丙酮、H^+ 浓度,当反应级数 p, r 取1时,计算各次反应的反应速率常数。

(5)利用表2-13中第1,4次实验所得反应速率常数,按式(2-48)及式(2-49)计算反应的表观活化能 E_a 及指数前因子 A。

六、思考题

(1)本实验中将丙酮和酸的浓度视为常数,而实际上它们是变化的,能否估计出这将给反应速率测量值带来多大误差?

(2)本实验是否能证明此反应对碘为零级?如何证明?

(3)本实验中每次反应 $t = 0$ 的瞬时是人为选择的,它代表了几级反应的特征?

(4)表2-13中第1,2次反应所得的反应速率常数是否相同?第3,4次反应所得速率常数是否相同?计算表观活化能时可以有几种方案?你认为哪种方案好?

（5）若本实验中原始碘浓度不准确，对实验结果及 A 是否都有影响？为什么？

（6）有人推测丙酮碘化反应机理为

$$
\underset{(A)}{CH_3-\overset{\overset{\displaystyle O}{\|}}{C}-CH_3} \overset{k}{\Longleftarrow\!=\!=} \left[\underset{(B)}{CH_3-\overset{\overset{\displaystyle OH}{|}}{C}-CH_3} \right]^+ \qquad (1)
$$

$$
\left[\underset{(B)}{CH_3-\overset{\overset{\displaystyle OH}{|}}{C}-CH_3} \right]^+ \underset{k_{-1}}{\overset{k_1}{\rightleftharpoons}} \underset{(D)}{CH_3-\overset{\overset{\displaystyle OH}{|}}{C}=CH_2} +H^+ \qquad (2)
$$

$$
\underset{(D)}{CH_3-\overset{\overset{\displaystyle OH}{|}}{C}=CH_2} +I_2 \longrightarrow \underset{(E)}{CH_3-\overset{\overset{\displaystyle O}{\|}}{C}-CH_2I} +I^- +H^+ \qquad (3)
$$

其中反应（1）可以很快达到平衡，其平衡常数为 k。假定中间产物 D 可达稳态，试按此机理推导其速率方程式，并讨论在什么条件下其与实验所得速率方程式相符合。

第三部分　提高型实验

提高型实验部分的教学目标是培养学生分析问题与解决问题的综合实验能力。利用物理化学领域中较为先进的研究工具和理论方法,引导学生运用物理化学相关理论知识,在完成相关实验内容后,进一步拓展思路,培养学生的实践能力和创新能力。

实验十四 化学反应焓变的量子化学理论计算

一、实验目的

(1)了解化学反应的能量目前已经可以精确地通过量子化学理论方法进行计算。

(2)了解化合物的标准生成焓可以通过量子化学方法进行预测与评价,了解实验数据的局限性,即有些实验数据并非是精确可靠的。

(3)巩固分子的键能、离解能、电离能、电子亲合能、气相酸性、气相碱性(质子亲合能)等基本概念,了解用量子化学理论计算这些分子性质的方法;熟悉理想气体分子热运动能的具体计算;了解分子中电子运动的能级、各原子上电荷分布、分子偶极矩等可通过量子化学来计算。

(4)掌握反应焓变计算,即通过量子化学能量来计算各种化学反应能量、预测未知生成焓的方法。

二、基本原理

微观粒子的运动规律遵循量子力学原理。量子化学是将量子力学理论方法用于研究分子(包括原子、离子、分子离子等,下同)的结构和性质的科学。在一定近似下,分子的量子力学方程(又称定态 Schrödinger 方程)为

$$\hat{H}\psi = E\psi$$

式中:$\hat{H}$ 为描述分子中各种运动和相互作用能量的数学表达式(称为 Hamilton 算符),它包括电子运动动能、原子核与原子核静电排斥能、核与电子静电吸引能、电子与电子静电排斥能等,这些能量正好是化学反应可能发生改变的能量,也是不包含原子核能时,分子在没有热运动(即绝对零度)时的热力学能(内能);ψ 为描述电子在分子中运动状态的数学函数,又称分子波函数,它的平方 $|\psi|^2$(也是空间坐标的函数)即分子中电子云在空间的概率密度;E 为分子的电子能量,是 $\hat{H}$ 所描述的各种相互作用能量的具体数值之总和。

通过运行量子化学计算程序(如 Gaussian $-\times\times$ 系列),即可自动求解上述方程并获得分子在绝对零度时的电子能量 E[单位为原子单位,atomic unit (a.u.),或 Hartree, 1 Hartree $=$ 2 625.5 kJ $\cdot$ mol^{-1}]。

由于分子中电子的相互作用较为复杂,目前只有单电子体系能从数学上描述并严格求解 Schrödinger 方程,如学生已熟悉的氢原子、类氢离子和氢分子离子。对于多电子体系,现行的

各种量子化学理论和计算方法都是对方程进行近似求解。本实验中所用的 Gaussian -×× 系列程序是国际上著名的量子化学计算软件(John A. Pople 获得 1998 年诺贝尔化学奖的代表性工作),求解方法 QCISD(T)/6-311+G(3df,2p) 是量子化学中的高精度方法之一。它的结果加上分子热运动能的修正,一般可以使大多数化学反应在一定温度下的能量计算的误差在大约 ± 8.4 kJ·mol^{-1} 以内。这一误差已经比目前许多实验数据(如已有的许多化合物的摩尔标准生成焓)的误差还小。

分子的热运动能包括分子的平动能、转动能和振动能。如果视分子的聚集状态为理想气体,按统计热力学原理,在恒容下,温度为 T 时,平动和转动能为 $(n/2)RT$,其中 n 为分子的运动自由度,单原子分子 $n=3$,直线形分子 $n=5$,非线形分子 $n=6$;振动能包括零点振动能 ZPE(即由量子力学原理已知,物质在绝对零度时并未完全停止运动,此时还有零点振动,其能量为 $1/2h\nu$,h 为普朗克常数,ν 为振动频率)和振动运动在一定温度下的热激发能 E_v,它们可以很容易通过 Gaussian 程序对分子的振动频率计算而得到。在本实验中,我们将直接给出 ZPE,学生不须自行计算;本实验中所涉及的分子都是含 H 的双原子分子,因 H 原子的质量很小,振动频率高或级差大,不易受热激发。经计算,在 298.15 K 时的热激发能 E_v 为 $10^{-7} \sim 10^{-5}$ kJ·mol^{-1} 量级,可以忽略不计。以上能量之和相当于气体分子在一定温度下的内能 U_T。由于分子的聚集状态为气态,如果欲获得一定温度(如 298.15 K)下的焓,则根据 $H=U+pV$,1 mol 气体分子还需加入 $\Delta(pV) \approx RT \approx 2.48$ kJ·mol^{-1}(标准压力,298.15 K)的焓。分子在 298.15 K 时的焓 H_T 为

$$H_T = E + (n/2)RT + \text{ZPE} + E_v + \Delta(pV) \qquad (3-1)$$

式中,$R = 8.314\,5$ J·K^{-1}·mol^{-1},为气体常数。

对于 B-H 体系的 5 个反应,即

$$H_2 + 2B = 2BH \qquad (1)$$
$$BH = B + H \qquad (2)$$
$$BH = BH^+ + e^- \qquad (3)$$
$$B + e^- = B^- \qquad (4)$$
$$B + H^+ = BH^+ \qquad (5)$$

只要我们分别计算得到了各个反应物和生成物在 298.15 K 时的焓 H_T,则每个反应的焓变 $\Delta_r H_m$ 等于产物的总焓与反应物的总焓之差。其中,由于电子(e^-)已经是一个自由粒子并认为其运动速度很小,它也不再与分子中任何粒子发生相互作用,其焓视为 0;H^+ 也只有平动热能 $(3/2)RT$ 和 $\Delta(pV)$;氢原子的精确电子能量由量子力学已知为 -0.5 Hartree,热运动能为 $(3/2)RT+\Delta(pV)$。因此,我们只需对 H_2,B,B$^-$,BH 和 BH$^+$ 进行量子化学计算,并在电子能量 E 中加入热运动能和 $\Delta(pV)$,即可获得如 298.15 K 时的每个分子的焓 H_T。

不难理解,上述反应式(1)的 $\Delta_r H_m = 2H_T(\text{BH}) - H_T(\text{H}_2) - 2H_T(\text{B})$。反应(2)实际上是 BH 的解离反应,其 $\Delta_r H_m$ 为 BH 的解离能或键能。同样,反应(3)的 $\Delta_r H_m$ 为 BH 的电离能,反应(4)的 $-\Delta_r H_m$ 称 B 的电子亲合能,反应(5)的 $-\Delta_r H_m$ 为 B 的质子亲合能,反映 B 的气相碱性。当然,如果已经得到了若干物质的质子亲合能,则它们的相对碱性强弱次序即可通过 $-\Delta_r H_m$ 的相对大小排列出来,自然含 H 给出质子能力的相对强弱(气相酸性)也能通过此种反应的 $\Delta_r H_m$ 来判断。

我们知道,化合物的标准摩尔生成焓是热力学中地位极为重要的基本物理量。由于实验

的难度和条件所限,目前许多分子的这一数据还没有测定出来,或者给出数据的误差很大,甚至有些数据根本上就是错误的,却不为人所知。在量子化学计算已经发展到很高精度的今天,我们可以通过量子化学的方法对这些数据进行预测或评价。

本实验中,设 BH^+ 的标准摩尔生成焓还没有实验数据,我们可以通过反应式(3)和(5),在 BH,B 和 H^+ 的实验生成焓已知的情况下对 BH^+ 的标准生成焓进行预测(注意,量子化学计算所得的分子的焓 H_T,对于任意分子来讲,与分子的标准生成焓并无简单的对应关系。这是因为生成焓是有特别定义的。生成焓必须通过化学反应式,在其他反应物与生成物的标准生成焓已知的情况下用盖斯定律进行预测)。具体做法是:通过各分子的焓 H_T 首先计算反应的 $\Delta_r H_m$。原则上,该值应该等于利用化合物的标准生成焓和下式计算的结果,即

$$\Delta_r H_m = \sum (\nu_i \cdot \Delta_f H_{m,i})_{生成物} - \sum (|\nu_i| \cdot \Delta_f H_{m,i})_{反物} \tag{3-2}$$

式(3-2)中如果某一 $\Delta_f H_m$ 是未知的,由于式左 $\Delta_r H_m$ 可用理论值代替,未知的 $\Delta_f H_m$ 便不难解得。倘若某物质的这一实验数据虽然已知,但可能是不可靠的,则实验数据应该接近于理论预测值。如果二者偏差太大,如超过 $\pm 8.4\ kJ \cdot mol^{-1}$ 较多,则一般可以肯定地说实验数据是不可靠的。

值得指出的是,受计算机速度以及容量的限制,较大分子的精确能量计算目前还有一定困难。受理论发展的限制,含重原子(如含有第四周期及其以后的元素)的分子能量的精确计算目前还不现实。但是,可以预计,随着理论与计算机技术的发展,这些问题有望得到解决。

三、实验仪器设备和有关数据

(1)微型计算机。

(2)计算机软件:Gaussian-09 量子化学计算程序,或仿真程序 Gxx.EXE。

(3)有关基本数据见表 3-1。

表 3-1　基本数据

反应物或生成物			H_2	BH	BH^+	
键长(由理论计算优化所得)/Å			0.738	1.233	1.194	
零点振动能 ZPE/$(kJ \cdot mol^{-1})$			24.8	13.4	15.0	
反应物或生成物	B	B^-	BH	BH^+	H	H^+
实验标准生成焓 $\Delta_f H_{m,298.15}/(kJ \cdot mol^{-1})$	562.7	416	442.7	—	218.00	1 530.0

四、操作步骤

(1)开机。

(2)打开纯文本编辑器,如记事本,编辑输入数据文件。文件名为 delth.gjf,其中内容均为英文(半字)字符,包括告知程序进行 QCISD(T)/6-311+G(3df,2p)计算,告知分子净电荷和自旋多重度,且自旋多重度=分子中单电子数+1,告知分子几何构型,例如:

输入数据	输入数据的意义
# QCISD(T)/6-311+g(3df,2p)	关键字行,以"#"标记。计算级别为 QCISD(T)/6-311+g(3df,2p) 空行结束计算级别的输入

H2 ENERGY	文字注释行,说明本计算的目的,为字符串常量,不影响计算过程 空行结束注释行的输入
0, 1	分子所带电荷,自旋多重度
H	第一个原子为 H,元素符号大写小写均可
H, 1, HH	第二个原子为 H,与第"1"个原子连接,距离为 HH 空行结束分子中原子的指定(多原子分子还可继续)
HH = 0.738	给定距离变量 HH 的数值 空行结束一个分子的输入
——LINK1——	进入子程序 LINK1,即继续下一个分子的计算

\# QCISD(T)/6 - 311＋g(3df,2p)

B - ENERGY

－1, 3

B

——LINK1——

(下接 B,BH 和 BH$^+$,由同学自行编辑输入数据)

(3)运行 Gxx.EXE,即从"附件"中打开"命令提示符",进入工作目录:d:\\delth,键入 Gxx,回车。

(4)从输出文件"DELTH.OUT"中抄录各分子的电子能量。与此同时,学生还可读出各分子中电子的能级、分子中电荷在各原子上的分布、分子的偶极矩等性质,作为一般了解。

(5)关闭计算机,整理实验室,实验结束。

五、数据处理

量子化学 QCISD(T)/6 - 31＋G(3df,2p)计算所得的分子的电子能量(由量化软件计算获得,单位为 Hartree):

$E(H_2) =$

$E(B) =$

$E(B^-) =$

$E(BH) =$

$E(BH^+) =$

(1)按(3 - 1)式计算出反应

$$H_2 + 2B = 2BH \tag{1}$$

$$BH = B + H \tag{2}$$

$$BH = BH^+ + e^- \tag{3}$$

$$B + e^- = B^- \tag{4}$$

$$B + H^+ = BH^+ \tag{5}$$

中各分子在 298.15 K 时的焓 H_T(单位 Hartree,列出算式,精至小数后第 5 位),填入表 3 - 2中。

表 3 - 2　焓的计算

	计算公式	焓　值	提　示
$H_T(\mathrm{H_2})$			为方便、准确地计算,可先计算出 ZPE 及 $(n/2)RT + RT$ 以 Hartree 为单位的数值,然后利用 Excel 设计公式批量计算
$H_T(\mathrm{B})$			
$H_T(\mathrm{BH})$			
$H_T(\mathrm{H})$			
$H_T(\mathrm{BH^+})$			
$H_T(\mathrm{B^-})$			
$H_T(\mathrm{H^+})$			

(2)根据表 3 - 2 中求得的 H_T,参照式(3 - 2),计算反应(1)~(5)的理论焓变(kJ · mol^{-1}),列出算式并计算,结果精确至小数点后第一位),填入表 3 - 3 中。

表 3 - 3　焓变的计算

	计算公式	理论焓变
$\Delta_r H_{\mathrm{m,298}}^{\ominus}(1)$		
$\Delta_r H_{\mathrm{m,298}}^{\ominus}(2)$/BH 的键能 $E(\mathrm{B-H})$		
$\Delta_r H_{\mathrm{m,298}}^{\ominus}(3)$/BH 的电离能 $\mathrm{IE(BH)}$		
$\Delta_r H_{\mathrm{m,298}}^{\ominus}(4)$/B 的电子亲合能 $\mathrm{EA(B)}$		
$\Delta_r H_{\mathrm{m,298}}^{\ominus}(5)$/B 的质子亲合能 $\mathrm{PA(B)}$		

(3)分别通过反应(3)和(5)预测 $\mathrm{BH^+}$ 的标准生成焓 $\Delta_f H_{\mathrm{m,298}}^{\ominus}$(kJ · mol^{-1}),列出算式并计算,结果精确至小数后第一位,填入表 3 - 4 中。

表 3 - 4　$\mathrm{BH^+}$ 的标准生成焓

	通过反应(3)计算	通过反应(5)计算	平均值
$\mathrm{BH^+}$ 的标准生成焓 $\Delta_f H_{\mathrm{m,298}}^{\ominus}$/(kJ · mol^{-1})			

(4)按式(3 - 2)计算反应(1)(2)(4)的实验焓变(kJ · mol^{-1}),列出算式并计算,结果精确至小数后第一位,填入表 3 - 5 中。

表 3 - 5　实验焓变

	计算公式	实验焓变
$\Delta_r H_{\mathrm{m}}^{\ominus}(1)$		
$\Delta_r H_{\mathrm{m}}^{\ominus}(2)$		
BH 的实验键能 $E(\mathrm{B-H})_{实验}$		
$\Delta_r H_{\mathrm{m}}^{\ominus}(4)$		
B 的实验电子亲合能 $\mathrm{EA(B)}_{实验}$		

六、结果与讨论

利用以上计算的结果,讨论反应能量的理论计算与实验结果之间的符合情况,预测生成焓的一致性,评价 BH,B 和 B⁻ 的标准生成焓的实验值的可靠性。

七、思考题

(1)为什么量子化学计算的焓与化合物的标准生成焓没有简单的对应关系?

(2)实验数据中为什么给了 B 的标准生成焓却没有给出 H_2 的标准生成焓? H_2 的标准生成焓应为多少? B 的标准生成焓为什么不为零? 说明理由。

(3)为什么要将分子的电子能量加上热运动能才能用于反应热力学能或焓变的计算? 如果不加入热运动能会导致什么样的结果? 实验的 5 个反应中哪些反应的焓变计算可以不加入热运动能(不会导致结果误差)?

(4)文献报导 BH⁺ 的标准生成焓为 $1\,385.4\ kJ \cdot mol^{-1}$,你的理论预测值是否与此符合?

实验十五　气相色谱法测定无限稀释活度系数

一、实验目的

(1)了解气相色谱法测定无限稀溶液活度系数的基本原理。

(2)用气相色谱法测环己烷和环己烯在邻苯二甲酸二壬酯中的无限稀活度系数和摩尔溶解焓。

二、实验原理

测定非电解质溶液活度的经典方法,既费时间而且准确度不高。气-液色谱的发展为测定活度系数提供了简单快速的新方法。

所有色谱技术均涉及两个相——固定相和流动相。在气-液色谱中固定相是液体,流动相是气体,而液体则涂渍在固体载体上,并一起填充在色谱柱中。

当载气将某一气体组分 i 带过色谱柱时,视该组分与固定相相互作用的强弱,经过一定时间流出色谱柱(见图 3-1),其保留时间为

$$t'_i = t_S - t_0 \qquad (3-3)$$

式中: t_0 为进样时间; t_S 为样品出峰时间。而校正保留时间为

$$t_i = t_S - t_a \qquad (3-4)$$

式中, t_a 为随样品带入空气的出峰时间。

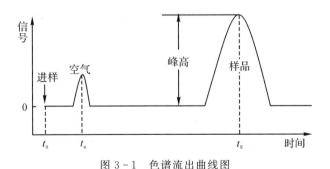

图 3-1　色谱流出曲线图

气相组分 i 的校正保留体积 V_i 为

$$V_i = t_i F_c \qquad (3-5)$$

式中，F_c 为校正到柱温、柱压下的载气平均流速。

校正保留体积 V_i 与液相体积的关系为

$$V_i = KV_L \qquad (3-6)$$

$$K = \frac{c_i^L}{c_i^g} \qquad (3-7)$$

式中：K 为分配系数；V_L 为液相体积；c_i^L 为溶质在液相中的浓度；c_i^g 为溶质在气相中的浓度。

由式(3-6)、式(3-7)可得

$$\frac{c_i^L}{c_i^g} = \frac{V_i}{V_L} \qquad (3-8)$$

假设气相符合理想气体行为，则

$$c_i^g = \frac{p_i}{RT_0} \qquad (3-9)$$

当色谱柱中进样量很少时，相对大量固定液相而言，基本上符合无限稀的条件，则有

$$c_i^L = \frac{\rho_L x_i}{M_m^L} \qquad (3-10)$$

式中：ρ_L 为液相密度；M_m^L 为液相摩尔质量；x_i 为组分的摩尔分数；p_i 为组分 i 的分压；T_0 为柱温。

气-液两相达到平衡时，有

$$p_i = p_i^* \gamma_i^0 x_i \qquad (3-11)$$

式中：p_i^* 为纯组分的蒸气压；γ_i^0 为溶液中 i 组分无限稀时的活度系数。

将式(3-9)~式(3-11)代入式(3-8)，得

$$V_i = \frac{V_L \rho_L R T_0}{M_m^L p_i^* \gamma_i^0} = \frac{W_L R T_0}{M_m^L p_i^* \gamma_i^0} \qquad (3-12)$$

式中：W_L 为色谱柱中液相质量。

将式(3-5)代入式(3-12)，可得

$$\gamma_i^0 = \frac{W_L R T_0}{M_m^L p_i^* F_c t_i} \qquad (3-13)$$

这样，只要把准确称量的溶剂作为固定液涂渍在载体上装入色谱柱中，用被测溶质作为进样，测得式(3-13)右端的各变量，即可计算溶质在溶剂中的活度系数 γ_i^0。

还需要对柱后流速进行压力、温度和扣除水蒸气压的校正，才能算出载气平均流速 F_c，则有

$$F_c = \frac{3}{2} \left[\frac{(p_b - p_0)^2 - 1}{(p_b - p_0)^3 - 1} \right] \left(\frac{p_0 - p_w}{p_0} \cdot \frac{T_0}{T_a} F \right) \qquad (3-14)$$

式中：p_b 为柱前压力；p_0 为柱后压力(通常为大气压力)；p_w 为在 T_0 时水的蒸气压；T_a 为环境温度(通常为室温)；F 为载气柱后流量。

比保留体积 $V_比$ 是 0℃时每克固定液的校正保留体积，它与校正保留体积的关系为

$$V_比 = \frac{273 V_i}{T_0 W_L} \qquad (3-15)$$

将式(3-12)代入式(3-15)，有

$$V_{比} = \frac{273R}{M_m^L p_i^* \gamma_i^0} \qquad (3-16)$$

对式(3-16)左右两边取对数,则有

$$\ln V_{比} = \ln\left(\frac{273R}{M_m^L}\right) - \ln p_i^* - \ln \gamma_i^0$$

再将两边对 $\frac{1}{T}$ 求导,得

$$\frac{\mathrm{d}\ln V_{比}}{\mathrm{d}\left(\frac{1}{T}\right)} = -\frac{\mathrm{d}\ln p_i^*}{\mathrm{d}\left(\frac{1}{T}\right)} - \frac{\mathrm{d}\ln \gamma_i^0}{\mathrm{d}\left(\frac{1}{T}\right)} \qquad (3-17)$$

由 Clausius - Clapeyron 方程可得

$$\frac{\mathrm{d}\ln p_i^*}{\mathrm{d}\left(\frac{1}{T}\right)} = -\frac{\Delta_{vap}H_m}{R} \qquad (3-18)$$

式中, $\Delta_{vap}H_m$ 为纯组分 i 的摩尔汽化热。

由活度系数与温度的关系式可得

$$\frac{\mathrm{d}\ln \gamma_i^0}{\mathrm{d}\left(\frac{1}{T}\right)} = -\frac{H_i - \overline{H_i}}{R} \qquad (3-19)$$

式中: H_i 为纯组分的摩尔焓; $\overline{H_i}$ 为组分在溶液中的偏摩尔焓; $H_i - \overline{H_i} = \Delta_{mix}H_m$,即偏摩尔混合热。

式(3-19)可写成

$$\frac{\mathrm{d}\ln V_i^0}{\mathrm{d}\left(\frac{1}{T}\right)} = \frac{\Delta_{vap}H_m}{R} - \frac{\Delta_{mix}H_m}{R} = \frac{\Delta_{vap}H_m - \Delta_{mix}H_m}{R} \qquad (3-20)$$

如为理想溶液,则 $\gamma_i^0 = 1$,这时 $\Delta_{mix}H_m$ 以 $\ln V_{比}$ 对 $\frac{1}{T}$ 作图,从直线斜率可求得纯溶质的摩尔汽化热。若为非理想溶液,从直线斜率可求得 $\Delta_{vap}H_m - \Delta_{mix}H_m$。溶质的溶解是其汽化的逆过程,则

$$\Delta_{vap}H_m - \Delta_{mix}H_m = -\Delta_{xol}H_m \qquad (3-21)$$

式中, $\Delta_{xol}H_m$ 为溶质的偏摩尔溶解热。

三、仪器和药器

(1)气相色谱仪 1 套;

(2)微型注射器(10 μL)3 支;

(3)精密压力表 1 块;

(4)皂沫流量计 1 支;

(5)电动搅拌器 1 台;

(6)带软塞的锥形瓶(100 mL)3 个;

(7)氢气钢瓶 1 只;

(8)纯环己烷(分析纯),环己烯(分析纯),邻苯二甲酸二壬酯试剂,101 白色载体,乙醚。

四、操作步骤

(1)色谱柱的制备。用 40～60 目 101 白色载体制备邻苯二甲酸二壬酯色谱柱,柱内径为 4 mm,长 1 m。固定液要准确称量,约占总质量的 25%。柱制备好后,在 50℃的条件下通载气老化 4 h。

(2)采用热导池鉴定器,氢气作载气,将色谱仪调整到下述操作条件:柱温 40℃;气化温度 160℃;检测室内温度 80℃;载气流速 80 mL·min^{-1}(用皂膜流量计测定,取实验前后平均值);桥电流 150 mA。为了准确测定柱前压力,在柱前接一 U 形汞压计。

(3)待基线稳定后(1～2 h)进行取样分析。为保证所取气样是与液相成平衡的蒸气,取样前将试样在电磁搅拌器上搅拌约 5 min,以使各样品总压皆相等。用 10 μL 注射器取纯苯 0.2 μL,取好液样后再吸空气 5 μL,然后进样。用停表测出空区峰最大值至苯峰最大值之间的时间,即为 t_i。

(4)用环己烷和环己烯进样,重复上述操作。对每一样品至少应重复 3 次。

(5)如时间允许,可改变柱温进行实验(温度可选为 40℃,45℃,50℃,55℃)。

(6)实验完毕后,先关闭电源,待检测室和层析室接近室温时再关闭气源。

五、数据处理

(1)将测得数据和计算结果列成表格。

(2)利用测定结果,计算环己烷和环己烯在邻苯二甲酸二壬酯中的无限稀活度系数。

(3)以 $\ln V_{比}$ 对 $\frac{1}{T}$ 作图,求环己烷和环己烯蒸气在邻苯二甲酸二壬酯中的偏摩尔溶解热。

六、实验讨论

(1)气相色谱法用于溶液热力学研究,不仅较常规方法简便、快捷,而且在常规方法测量困难的稀溶液或无限稀浓度区域更加显现出优越性。

(2)对二组分体系来说,色谱法适于将难挥发的组分作为固定相,在实验温度下有足够蒸气压的组分作为进样。如果作为固定相的组分有一定的挥发性,则宜在进样器之前装一涂有相同固定液的短柱作为预饱和器,并在色谱柱中填较大颗粒的担体,以减少压力降,防止在色谱柱后段因减压膨胀而汽化,引起固定液流失。这样就可扩大色谱法测活度系数的适用范围。

(3)在进行色谱实验时,必须严格按照操作规程操作。实验开始,首先要通气,然后再打开色谱仪的电源,实验结束时,一定要先关闭电源,待层析室、检测室的温度接近室温时,再关闭载气,以防烧坏热导池器件。

七、思考题

(1)如果溶剂也是挥发性较高的物质,本法是否还适用?

(2)实验结果说明苯、环己烷和环己烯在邻苯二甲酸二壬酯的溶液中对拉乌尔定律是什么偏差(正偏差或负偏差)? 它们中哪一个活度系数较小? 为什么会较小?

(3)进样是否可以进混合物,以便一次测得它们各自的保留时间。

(4)本实验是否满足无限稀条件?

八、知识拓展——气相色谱法

色谱又可称为色层或层析,是一种分离分析技术,在物理化学实验中常用于非电解质二元体系活度系数的测定、固体比表面的测定等。气相色谱是以气体为流动相的一种色谱法,样品中各组分的分离是在色谱柱中进行的,柱中装填某些固体颗粒,称为固定相。气相色谱仪一般由主机(内有层析室、恒温箱、热导检测器、离子室、气化室、气体进样器、气路控制系统和温度测量系统)、温度控制器、热导池供电器、氢焰微电流放大器、记录仪5个单元组成。这样,样品气化后经载气送入色谱柱,从色谱柱中被分离出来的样品能及时通过检测器转换为相应的电信号,经电流放大由记录仪记录下来作为研究依据。

(一)气相色谱分离基本原理

气相色谱分离的实质,是由于试样中各组分在固定相吸附剂上的吸附系数不同或固定液中的分配系数不同而引起的。当试样通过色谱柱时,各组分分子与固定相的分子间发生作用(吸附或溶解),各组分分子在流动相和固定相之间保持了各自的分配,因各组分在流动相不断推动下,沿着色谱柱向前运动的速度不同,经过适当长度的色谱柱,即经过吸附和脱附,溶解和解析,反复多次分配(可达 $10^4 \sim 10^6$ 次),使得那些分配系数或吸附系数有差异的组分,产生很显著的分离效果,彼此按一定的先后顺序从柱后流出,进入检测池,样品浓度的变化情况经鉴定器和记录仪变换,而得色谱曲线。试样在色谱柱中的分离情况如图 3-2 所示。

(二)气相色谱流出曲线术语

气相色谱流出曲线(见图 3-3),其纵坐标以信号大小(mV 或 mA)表示浓度,横坐标表示时间,流出曲线有关术语定义如下。

1.基线

样品未进入鉴定器时,放大器输出的电信号记录在正常情况下是一条直线,与横坐标平行,图 3-3 中的 AB 线即是。

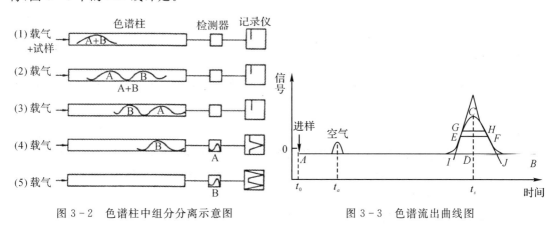

图 3-2 色谱柱中组分分离示意图   图 3-3 色谱流出曲线图

2.峰面积(A)

峰面积是指曲线与基线之间所围成的面积。它与组分含量、信号灵敏度和记录纸速度有关。

3.峰高(h)

峰高是从流出曲线的最高点到基线的距离,即图 3-3 中的 CD 线。

4.死时间(t_a)

死时间是不被固定相吸附或溶解的气体,经过色谱柱出现浓度最大点的时间。

5.保留时间(t'_i)

保留时间是从进样到柱后出现色谱峰极大值所需的时间,即 $t'_i = t_S - t_0$。

6.校正保留时间(t_i)

校正保留时间是扣除死时间的保留时间,即 $t_i = t'_i - t_a$。

7.死体积(V_0)

死体积是色谱柱内气相所占的体积,通常由死时间和校正后的体积流速的乘积来计算,即 $V_0 = t_0 \cdot F_c$,F_c 是柱下载气的平均体积流速。

8.保留体积(V'_i)

保留体积是从进样到柱后出现色谱峰极大值时所通过的载气体积,即 $V'_i = t'_i \cdot F_c$。

9.校正保留体积(V_i)

校正保留体积是扣除死体积后的保留体积,即 $V_i = V'_i - V_0 = t_i \cdot F_c$。

10.比保留体积($V_比$)

比保留体积是在 0℃时每克固定液的校正保留体积,如固定液质量为 W,则比保留体积为

$$V_比 = \frac{273}{T_c} \cdot \frac{V_i}{W}$$

11.相对保留值(r_{12})

相对保留值表示某组分(1)的校正保留值和另一组分(2)校正保留值的比值,即

$$r_{12} = \frac{t_1}{t_2} = \frac{V_1}{V_2} = \frac{V_{比(1)}}{V_{比(2)}}$$

12.记录纸长度($\Delta x_1 / 2$)

记录纸长度是记录纸以某一定速度 u_2(cm/min)运行时,在记录纸的时间坐标 x 轴方向上量得的长度。

13.区域宽度

区域宽度是色谱峰宽窄的尺度,反映分离条件的好坏。它的大小有 3 种表示方法:

(1)半峰宽:峰高一半处的色谱峰宽度,即图 3-3 中 EF 线段,可用保留时间 $2\Delta t_{1/2}$、记录纸长度 $2\Delta x_{1/2}$、保留体积 $2V_{1/2}$ 表示。

(2)标准偏差 σ:0.607 倍峰高时,色谱宽度的一半,即图 3-3 中 GH 的一半。

(3)从流出曲线上两拐点作切线与基线交于 I,J,IJ 连线即为基线宽度,用 W_b 表示。

三种不同表示方法有以下的关系:

$$2\Delta t_{1/2} = 2\sigma \sqrt{2\ln 2}$$
$$4\sigma = W_b$$

14.总分离效能指标（K_1）

某组分（1）与另一组分（2）的色谱峰相邻，该相邻的峰保留时间的差值除以这两个峰的半峰宽之和即总分离效能指标，用数学式表示为

$$K_1 = \frac{t'_2 - t'_1}{\Delta t_{1/2(1)} + \Delta t_{1/2(2)}}$$

(三)气相色谱仪的使用

1.气相色谱仪使用的一般步骤

(1)检漏。首先按仪器安装规程装好管道，将钢瓶输出调到 392 266 Pa（4 kg·cm^{-2}）左右，调节稳压阀使柱前压力为 294 199.5 Pa（3 kg·cm^{-2}），然后关闭尾气出口，如果转子流量计中的转子很快沉到底部，表示系统不漏气。如果流量计有示值，说明系统不严密，可用肥皂水依次检查，找出原因，并加以密封处理。

(2)调节载气流量。钢瓶输出气压控制在 196 131～392 266 Pa（2～4 kg·cm^{-2}）之间，调节载气稳压阀，使载气流量达到要求的数值。

(3)开机。接通仪器电源，开启温度控制开关，调节恒温箱的温度。

(4)调节热导电流。恒温箱的温度恒定后，色谱柱和热导检测器已达到使用温度。此时可开启热导电流开关，调节热导电流到合适的数值，并选择合适的衰减值。

(5)测定色谱曲线。调节气化室的温度，稳定后注入一定量的待测样品，绘制出完整的色谱图。

(6)关机。测定完毕后，关闭热导电流电源及温度控制开关，关闭总电源，最后关闭钢瓶总阀和载气稳压阀。

气相色谱仪的心脏是色谱柱。样品的分离作用是在柱里实现的。固相为吸附剂的柱子称为气固色谱，固定相是液体的柱子称为气液色谱，此液称为固定液。

气固色谱的固定相是表面具有一定活性的吸附剂。吸附剂表面对气体的吸附作用，一般用吸附等温线描述。常用的吸附剂有活性炭、硅胶、氧化铝、分子筛等。对于无机气体及低级烃类的分析，气-固色谱比气-液色谱更为适宜。

气-液色谱的固定液是涂渍在一定颗粒度的惰性固体表面上的，这种固体通常称为担体或载体。可以近似地认为，固定液是以薄膜的形式分布在担体上的。

2.GC-7800 型色谱仪的说明

市售的色谱仪类型很多，在使用仪器前，应该仔细阅读仪器说明书，按操作规程操作。

GC-7800 型气相色谱仪的各部件组成如图 3-4 所示。

将色谱柱（热导并联双柱）装在层析室的恒温箱内，接通气路，通入载气。打开"载气Ⅰ调节"和"载气Ⅱ调节"的针形阀，将气流量调至需要值（用皂膜流量计接在仪器左侧尾气排空处测量），经过检漏，气路气密性良好。按下主机"启动"开关和"鼓风"开关，然后打开恒温控制器电源开关，对各恒温系统进行加热控制，观察主机面板上指示层析室温度的水银温度计和指示各部分温度的测温毫伏计（要切换"温度指示"按钮开关），同时，调节温度控制器上的"层析室""检测器""气化室"的温度调节旋钮。达到所需的温度后，将旋钮调至加热指示灯若明若暗。按下主机面板右方的"检测器选择"按键中的"热导"按键。

此时可按下热导池供电器的电源开关，由仪器说明书的电流-温度给定曲线，用"电流调

节"旋钮将电流调节到所需的电流数值上。

在恒温控制 0.5～1 h 后,打开并接通记录仪。供电器上"信号衰减"置于 1,调节"零点调节"旋钮,使记录仪指针在中间位置,待基线稳定后可进样分析。

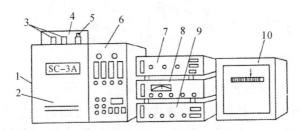

1—主机;2—色谱柱恒温;3—气路进样器;4—热导检测器;5—离子气化室;
6—气路控制及温度测量系统;7—温度控制器;8—热导池供电器;9—氢焰微电流;10—记录仪

图 3-4　GC-7800 型气相色谱仪示意图

3.注意事项

(1)仪器正常使用时,载气瓶输出压力为 294 199.5 Pa(3 kg·cm^{-2})左右,仪器长时间不用,应将减压阀关闭。

(2)必须特别注意层析室温度不能超过色谱固定相最高使用温度,以免造成固定液流失,并污染管路和检测器。

(3)使用热导系统必须严格按规则操作,启动时先通气 5 min 后再通电,停机时先关电再关气。在高温操作使用后,必须在热导检测器冷至 70～80℃时再关气。最后应将尾气排空,接头密封。

(4)气路通断应使用仪器背后的开关阀,针形阀用于流量调节,不应作开关使用。

(5)热导检测器使用的电流必须严格按热导池的温度-电流关系曲线来给定,否则将影响热导池寿命和仪器稳定性,高温下过载,热导池会烧坏热敏元件。

实验十六　电池电动势法测定氯化银的溶度积

一、实验目的

(1)学会用电池电动势法测定氯化银的溶度积。

(2)加深对液接电势概念的理解,学会消除液接电势的方法。

二、实验原理

电池电动势法是测定难溶盐溶度积的常用方法之一。测定氯化银的溶度积,可以设计下列电池:

$$Ag(s),AgCl(s) \mid KCl(a_1) \parallel AgNO_3(a_2) \mid AgCl(s),Ag(s)$$

Ag - AgCl 电极的电极电势可表示为

$$E_{Ag/AgCl} = E_{Ag/AgCl} - \frac{2.303RT}{F} \lg a_{Cl^-} \tag{3-22}$$

由于 AgCl 的溶度积 K_{sp} 为

$$K_{sp} = a_{Ag^+} \cdot a_{Cl^-} \tag{3-23}$$

将式(3-23)代入式(3-22),得

$$E_{Ag/AgCl} = E_{Ag/AgCl}^{\ominus} - \frac{2.303RT}{F} \lg K_{sp} + \frac{2.303RT}{F} \lg a_{Ag^+} \tag{3-24}$$

电池的电动势为两电极电势之差,即

$$E_{右} = E_{AgCl}^{\ominus} - \frac{2.303RT}{F} \lg K_{sp} + \frac{2.303RT}{F} \lg a_{Ag^+}$$

$$E_{左} = E_{AgCl}^{\ominus} - \frac{2.303RT}{F} \lg a_{Cl^-}$$

$$E = E_{右} - E_{左} = \frac{2.303RT}{F} \lg K_{sp} + \frac{2.303RT}{F} \lg a_{Ag^+} a_{Cl^-}$$

整理后,得

$$\lg K_{sp} = -\frac{EF}{2.303} + \lg a_{Ag^+} a_{Cl^-} \tag{3-25}$$

若已知银离子和氯离子的活度,测定了电池的电动势值,就能求出氯化银的溶度积。

三、仪器与试剂

(1)SDC 数字电位差综合测试仪(或 UJ - 25 型电位差计及附件)1 台;

(2)超级恒慢槽 1 台;

(3)粗试管 2 个;

(4)烧杯(50 mL)3 个;

(5)Ag－AgCl 电极 2 个;

(6)饱和硝酸钾盐桥 1 个;

(7)0.100 0 mol·kg⁻¹ KCl 溶液,0.100 0 mol·kg⁻¹ AgNO₃溶液。所用试剂均为分析纯,溶液用重蒸水配制。

四、操作步骤

1.组装原电池

将 Ag－AgCl 电极组装成下列电池,装置如图 3－5 所示。

$$Ag(s),AgCl(s) \mid KCl(a_1) \parallel AgNO_3(a_2) \mid AgCl(s),Ag(s)$$

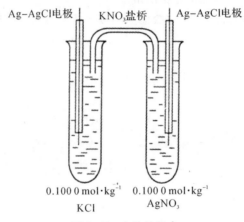

图 3－5　电池的组合

2.电池电动势的测量

用 SDC 数字电位差综合测试仪测量 25℃时电动势值。电池电动势的测定可将电池置于25℃的超级恒温槽中进行。测定时,电池电动势值开始时可能不稳定,每隔一定时间测定 1次,直到测得稳定值为止。

五、数据处理

(1)记录上述电池的电动势值。

(2)已知 25 ℃时 0.100 0 mol·kg⁻¹硝酸银溶液中银离子的平均活度系数为 0.731,0.100 0 mol·kg⁻¹氯化钾溶液中氯离子的平均活度系数为 0.769,并将测得的电池电动势值代入式(3－25),求出氯化银的溶度积。

(3)将本实验测得氯化银的溶度积与文献值比较。

六、思考题

(1)试分析有哪些因素影响实验结果?

(2)简述消除液接电势的方法。

实验十七　Washburn 动态渗透压力法测定粉体接触角

一、实验目的

（1）了解 Washburn 动态法测定粉体接触角的原理。

（2）掌握改进的 Washburn 动态渗透压力法测定粉体接触角的原理和方法。

二、实验原理

在生产和科研实践中，有时需了解固体粉末的润湿性质。为此，测定粉体接触角是必要的。在测量固体粉体的接触角时，目前应用较多的是 Washburn 动态法。此法原理是：称一定量粉体（样品）装入下端用微空隔膜封闭的玻璃管内，并冲实到某一固定刻度，然后将测量管垂直放置，使下端与液体接触（见图 3-6），记录不同时间 t 时液体润湿粉末的高度 h，再按下式计算：

$$h^2 = Cr\sigma\cos\theta t / 2\eta$$

式中：C 为常数；r 为粉体间孔隙的毛细管平均半径，对指定的粉体来说，C，r 为定值；σ 为液体的表面张力；η 为液体黏度。以 h^2 对 t 作图，显然 h^2-t 之间有直线关系，由直线斜率、η 和 σ 便可求得 $Cr\cos\theta$ 的值。在指定润湿粉体的液体系列中，选择最大的 $Cr\cos\theta$ 值作为形式半径 Cr（此时 $\theta=0$），由此可以算出不同液体对指定粉体的相对接触角 θ。

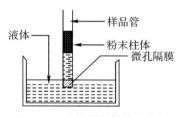

图 3-6　液体润湿粉体示意图

这就是以往最常用的测定固体粉体接触角的原理。它是利用液体在由固体粉体所制成的多孔塞中的毛细管上升的高度与时间之间的关系来测定的。实验过程中存在一个问题，即由于粉体床中各个位置的堆积密度不尽相同，使得液体不会总是水平上升，因此液体在粉体床中的上升高度不易准确测量，给实验带来较大误差。本实验利用测量液体在粉末中上升时管内压力的变化来测定粉体的接触角，并且组装了相应的仪器。其原理如下：当固体粉末均匀填入管中，管的一端封闭，一端垂直插入液体时，由于液体的渗透作用，管内的压力变大，虽然其变

化值不大,但是可以利用较为精密的压力计来测定(见图 3 - 7)。此时 Washburn 方程可表示为

$$p^2 = B\sigma\cos\theta t/\eta$$

式中:B 为仅与粉体床及相应的仪器有关的常数;p 为某一时刻管内压力的变化值。对于同一粉末,在使用的仪器相同时 B 为常数。因此,可测定不同时间 t 的 p 值,然后以 p^2 对 t 作图,得一条直线,其斜率为

$$K = B\sigma\cos\theta/\eta$$

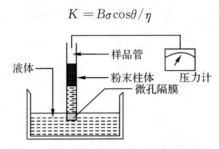

图 3 - 7　渗透压力法测定粉体接触角示意图

选择对粉末完全湿润或直线斜率最大的液体作为参比,令其 $\cos\theta = 1$,由 $p^2 - t$ 的线性关系计算出其斜率 K_1,然后用相同的方法求出其他液体对粉体的直线斜率 K_2,再由以下公式算出其相对接触角,则有

$$\cos\theta_2 = K_2\sigma_1\eta_2/K_1\sigma_2\eta_1$$

式中"1"代表参比液,"2"代表代测液。

三、仪器和试剂

(1)DP - A 精密数字压力计 1 台;

(2)最大气泡法测量溶液表面张力仪 1 套;

(3)称量瓶 5 个;

(4)玻璃管(Φ5 mm)1 支;

(5)铝粉、蒸馏水、甲醇、乙醇、甲苯、苯均为分析纯。

四、操作步骤

(1)在称量瓶中倒入约 15 mL 的蒸馏水,置于接触角测量仪中。

(2)称取 3~5 g 铝粉,装入测定管中(下端用微孔隔膜封好),将其垂直地在垫有滤纸的桌面上轻敲,直到粉末的高度不变为止(计算铝粉的堆积密度)。

(3)在测定管上端接上橡胶管并与压力计相连,当压力计读数稳定时,采零。然后将管垂直插入待定测液中(约 0.5 cm),同时按下秒表,每隔 1 min 记录一次压力计读数 p,记录 8 个数值。

(4)按以上步骤分别测定乙醇、甲醇、苯和甲苯的 $p - t$ 的关系。

五、数据记录与处理

(1)将实验数据填入表 3 - 6。

堆积密度＝铝粉质量/堆积于管中的铝粉体积(g/cm^3)

表 3-6　不同溶剂的渗透压力变化值 p 与 t 的关系　　　　$T=$ _____ ℃

溶　剂	p/Pa							
	1 min	2 min	3 min	4 min	5 min	6 min	7 min	8 min
水								
甲醇								
乙醇								
环己烷								

(2)分别作出不同液体的 p^2-t 关系图,求得各自的斜率,由各溶剂的表面张力及黏度公式(其中"1"代表参比液,"2"代表待测液)可以计算出各溶剂相对于水的接触角,列表 3-7。

表 3-7　各溶剂对铝粉的接触角

溶　剂	水	甲醇	乙醇	环己烷
接触角/(°)				

六、思考题

(1)实验中主要误差来源是什么? 如何减少这些误差?

(2)你认为实验中要注意哪些问题?

实验十八　分子偶极矩的测定

一、实验目的

(1)用溶液法测定极性分子的偶极矩,了解偶极矩与分子电性质的关系。

(2)掌握溶液法测定偶极矩的实验技术。

二、实验原理

偶极矩是表示分子中电荷分布情况的物理量,其数值可以量度分子极性的大小。偶极矩 μ 被定义为分子正负电荷中心所带的电荷量 q 与正负电荷中心之间的距离 d 的乘积(方向由正到负),即

$$\mu = q \cdot d \qquad (3-26)$$

分子中原子间距离的数量级是 10^{-10} m,电荷的数量级是 10^{-20} C。

极性分子具有永久偶极矩,在外电场中,分子的永久偶极矩趋向电场方向排列而被极化,极化的程度用摩尔转向极化度 $P_{转向}$ 衡量,则有

$$P_{转向} = \frac{4}{9} \times \frac{\pi N_A \mu^2}{kT} \qquad (3-27)$$

式中:k 为波尔兹曼常数;N_A 为阿伏伽德罗常数。

外电场能够诱导极性或非极性电子云对分子骨架的相对移动和骨架变形,产生的诱导极化用摩尔极化度 $P_{诱导}$ 来衡量,$P_{诱导}$ 是电子极化度 $P_{电子}$ 和原子极化度 $P_{原子}$ 的加和($P_{诱导} = P_{电子} + P_{原子}$),$P_{诱导}$ 与外电场强度成正比,与温度无关。

在交变电场中,电场频率影响极性分子的极化情况,电场频率小于 10^{10} s^{-1} 时,摩尔极化度 P 是转向、电子和原子极化度的总和;电场频率在 $10^{12} \sim 10^{14}$ s^{-1} 中频(红外频率)时,极性分子的转向运动跟不上电场的变化,$P_{转向} = 0$;电场频率在大于 10^{15} s^{-1} 的高频(可见光和紫外光)时,极性分子的转向运动和分子骨架变形都跟不上电场的变化,极性分子的摩尔极化度等于电子极化度。因此,通过改变交变电场的频率,可以求出 $P_{转向}$,进而求出极性分子的永久偶极矩,即

$$P = P_{转向} + P_{电子} + P_{原子} \qquad (3-28)$$

在温度不太低的气相体系中,假设分子间无相互作用,克劳修斯-莫索蒂-德拜公式给出摩尔极化度 P 与介电常数 ε 的关系为

$$P = \frac{\varepsilon - 1}{\varepsilon + 2} \times \frac{M}{\rho} \tag{3-29}$$

式中：M 为被测物质的摩尔质量；ρ 为该物质的密度，ε 可通过实验测定。

通过测定介电常数 ε 和物质的密度 ρ，可以求出 P。由于气相的介电常数和密度的测定在实验上难以做到，采用溶液法解决这一困难。在无限稀释的非极性溶剂 1 的溶液中，溶质 2 的分子所处状态与气相相近，测出的溶质摩尔极化度 $P_{2\infty}$ 是式（3-29）中的 P，则有

$$P_{2\infty} = P_{2电子} + P_{2原子} + P_{2转向} = \frac{4}{3}\pi N_A\left(\alpha_{2电子} + \alpha_{2原子} + \frac{\mu^2}{3kT}\right) \tag{3-30}$$

式中，$\alpha_{2电子}$ 和 $\alpha_{2原子}$ 分别为溶质分子的电子极化率和原子极化率。

$P_{2电子}$ 可通过测量折射率和密度，利用罗伦兹-罗伦斯公式求出，则有

$$P_{2电子} = \frac{4}{3}\pi N_A \alpha_{2电子} = \frac{n^2 - 1}{n^2 + 2} \cdot \frac{M_2}{\rho_2} = R \tag{3-31}$$

式中，R 为摩尔折射度。

原子极化度 $P_{2原子}$ 尚无直接测量的实验方法，但它的数值很小，可将其忽略。由式（3-30）和式（3-31）有

$$\mu = \left[\frac{9k}{4\pi N_A}(P_{2\infty} - R)T\right]^{\frac{1}{2}} = 0.042\,74 \times 10^{-30}\left[(P_{2\infty} - R)T\right]^{\frac{1}{2}} \tag{3-32}$$

设 w_2 为溶质的质量分数 $w_2 = m_2/(m_1 + m_2)$（m_2 为溶质质量，m_1 为溶剂质量），在稀溶液中，溶液的介电常数 ε_{12} 及折射率的二次方 n_{12}^2 与 w_2 有以下线性关系：

$$\varepsilon_{12} = \varepsilon_1 + \alpha_s w_2 \tag{3-33}$$

$$n_{12}^2 = n_1^2 + \alpha_n w_2 \tag{3-34}$$

经 Guggenhein 和 Smith 对式（3-32）进行简化和改进，可省去溶液密度的测量，得

$$\mu = \left[\frac{27k}{4\pi N_A} \cdot \frac{M_2 T}{d_1(\varepsilon_1 + 2)^2} \cdot (\alpha_s - \alpha_n)\right]^{\frac{1}{2}}$$

$$= 0.074 \times 10^{-30}\left[\frac{M_2 T}{d_1(\varepsilon_1 + 2)} \cdot (\alpha_s - \alpha_n)\right]^{\frac{1}{2}} \tag{3-35}$$

介电常数一般通过测量电容计算得到，即

$$\varepsilon = \varepsilon_x / \varepsilon_0 = C_x / C_0 \tag{3-36}$$

电容池的电容由电容池两极间的电容 C_c 和测试系统的分布电容 C_d 并联构成。C_c 值随介质而异，C_d 是恒定的，只与仪器的性质有关，在测量中要扣除。实验用一已知介电常数的标准物质[本实验为四氯化碳，$\varepsilon = 2.238 - 0.002\,0(t - 20)$，$t$ 为摄氏温度（℃）]与空气分别测量电容值，测量值 C' 为

$$C'_空 = C_空 + C_d \tag{3-37}$$

$$C'_标 = C_标 + C_d \tag{3-38}$$

设 $C_空 \approx C_0$，通过实验测出 $C'_标$ 和 $C'_空$，联立解式（3-36）～式（3-38），可求出 C_0 和 C_d。

分子偶极矩可采用微波波谱法、分子束法、介电常数法等进行测量。受仪器和样品的局限，前两种方法使用极少，文献上发表的偶极矩数据均来自介电常数法。本实验采用 PGM-

Ⅱ数字小电容测试仪测定乙酸乙酯-四氯化碳溶液的介电常数,采用阿贝折光仪测定溶液的折光率,作 $\varepsilon_{12} - w_Z$ 和 $n_{12}^2 - w_Z$ 曲线,分别求出 α_s 和 α_n,进而求出乙酸乙酯的偶极矩。

三、仪器与试剂

(1)PGM-Ⅱ数字小电容测试仪 1 台;

(2)阿贝折光仪 1 台;

(3)250 mL 烧杯 1 只;

(4)小滴管 5 支;

(5)2 mL 移液管 2 支;

(6)25 mL 容量瓶 5 个;

(7)四氯化碳(分析纯)、乙酸乙酯(分析纯)。

四、实验步骤

1.溶液的配制

取 5 只 25 mL 容量瓶编号后,按表 3-8 的要求配制 4 种浓度不同的乙酸乙酯-四氯化碳溶液。控制乙酸乙酯的最大质量分数约 0.095,操作时注意防止乙酸乙酯和四氯化碳的挥发与吸水。

表 3-8　溶液配置表

编　号	0	1	2	3	4
$V_{四氯化碳}$/mL	10.0	10.0	10.0	10.0	10.0
$V_{乙酸乙酯}$/mL	0.0	0.40	0.80	1.20	1.60

2.溶剂和溶液折光率的测定

按阿贝折光仪的使用方法测量溶剂和溶液折光率,测定时,每个样需要加样三次(取样时,注意防止样品挥发而影响溶液浓度),每次加样读数两次。每个样品测出的数据间相差不超过 0.000 2。

3.介电常数的测定

(1) C_0 和 C_d 的测定:用洗耳球吹干电容池两极间的间隙,旋上盖子,接好测试线,测量 $C'_空$ (3 次)后,用滴管将四氯化碳加入到电容池中,使液面超过二电极,盖好盖子,测定 $C'_标$,将电容池中的四氯化碳倒到回收瓶中,重新装样再次测 $C'_标$。

(2)溶液电容的测定:测量方法与纯四氯化碳的测量方法相同。加入溶液前,为确保电容池电极间的残余液已除净,先测以空气为介质的电容值。如电容值偏高,用洗耳球吹干电容池再测定溶液的电容。每个溶液重复测定 2 次,数据差要小于 0.01 pF,如达不到要求则重测。

五、数据记录与处理

(1)按附录中附表 7 中乙酸乙酯和四氯化碳的密度与温度的关系计算实验温度时乙酸乙

酯、四氯化碳的密度,以及溶液的浓度(以乙酸乙酯的质量分数 w_Z 表示)。将溶液浓度、测量的各种数据填入表 3-9。

表 3-9　数据记录

室温:_____ ℃;大气压:_____ kPa;$C'_空$:_____ pF

编　号	0	1	2	3	4
w_Z					
C/pF					
n					
n 平均值					

(2)根据四氯化碳的介电常数与温度的关系计算实验温度时四氯化碳的介电常数,由式(3-35)～式(3-37)计算 C_0 和 C_d,并用 n 和 C 实验数据的平均值按表 3-10 的要求计算各项数据,填入表中。

表 3-10　数据处理

C_0:_____ pF;C_d:_____ pF

w_Z				
ε_{12}				
n^2_{12}				

(3)作 ε_{12}-w_Z 和 n^2_{12}-w_Z 曲线,分别求出 α_s 和 α_n,按式(3-34)计算出乙酸乙酯的偶极矩,将实验值与文献值(5.94×10^{-30} C·m)比较,计算相对误差。

六、思考题

(1)为什么本实验所用试剂必须无水?

(2)实验中主要误差来源是什么? 如何减小这些误差?

(3)测量溶液折光率和电容时要注意哪些问题?

(4)属于什么点群的分子有偶极矩?

实验十九　磁化率的测定

一、实验目的

(1)掌握 Couy 磁天平测定物质磁化率的实验原理和技术。

(2)通过对一些配合物磁化率的测定,计算中心离子的不成对电子数,判断 d 电子的排布情况和配位体场的强弱。

二、实验原理

在外磁场(强度 H)的作用下,物质被磁化产生附加磁场。物质内部的磁感应强度为

$$B = B_0 + B' = \mu_0 H + B' \qquad (3-39)$$

式中:B_0 为外磁场的磁感应强度;B' 为物质被磁化时产生的附加磁感应强度;μ_0 为真空磁导率($\mu_0 = 4\pi \times 10^{-7} \, \text{N} \cdot \text{A}^{-1}$)。

物质的磁化可用磁化强度 M 描述为

$$M = \chi H \qquad (3-40)$$

式中,χ 为物质的体积磁化率,无量纲,是物质的一种宏观磁性质,则有

$$B' = \mu_0 M = \chi \mu_0 H \qquad (3-41)$$

$$B = (1 + \chi) \mu_0 H = \mu \mu_0 H \qquad (3-42)$$

式中,μ 为物质的磁导率。

化学上常用单位质量磁化率 χ_m 或摩尔磁化率 χ_M 表示物质的磁性质,则有

$$\chi_m = \chi / \rho \qquad (3-43)$$

$$\chi_M = M\chi / \rho \qquad (3-44)$$

式中:ρ 为物质的密度;M 为物质的摩尔质量;χ_m 的单位为 $\text{m}^3 \cdot \text{kg}^{-1}$;$\chi_M$ 的单位为 $\text{m}^3 \cdot \text{mol}^{-1}$。

在外磁场的作用下,物质的原子、分子或离子有 3 种磁化现象(见表 3-11)。

表 3-11　物质的原子、分子或离子在外磁场中的 3 种磁化现象

磁化现象	特　点
逆　磁	无磁性的物质在外磁场的作用下,其电子运动被感应出诱导磁矩,磁矩的方向与外磁场方向相反,强度与外磁场强度成正比,随外磁场消失而消失,$\mu < 1$,$\chi_M > 0$

续 表

磁化现象	特 点
顺 磁	原子、分子或离子本身具有磁矩(永久磁矩)μ_m的物质在外磁场的作用下,永久磁矩顺外磁场方向排列,磁化方向与外磁场方向相同,强度与外磁场强度成正比,同时,也被感应出诱导磁矩,物质在外磁场的下表现的磁场是两者作用的总和。其摩尔磁化率χ_M是摩尔顺磁磁化率χ_μ和逆磁磁化率χ_0之和($\chi_M = \chi_\mu + \chi_0$),$\mu > 1, \chi_M > 0$
铁 磁	物质被磁化的强度随外磁场强度的增加剧烈增加,与外磁场强度之间不存在正比关系,物质的磁性不随外场的消失而同时消失

物质的顺磁性质与电子的自旋有关,若原子、分子或离子中两种自旋状态的电子数不同,物质在外磁场中呈现顺磁性,因此,只有存在未成对电子的物质才具有永久磁矩,才能在外磁场中表现顺磁性。物质的永久磁矩μ_m与它所包含的未成对电子数n的关系为

$$\mu_m = [n(n+2)]^{\frac{1}{2}} \mu_B \tag{3-45}$$

式中,μ_B为 Bohr 磁子,$\mu_B = (eh)/(4\pi m_e) = 9.274\ 1 \times 10^{-24}$ A·m^2,h 为普郎克常数,m_e为电子的质量。

根据配位场理论,过渡金属元素离子 M 的 d 轨道与配体分子轨道按对称性匹配的原则重新组合成新的群轨道。在配合物 ML_n 中,处于中心位置的 M 原子的 5 个 d 轨道受配体作用的情况不同,产生能级分裂的情况不同;对于 ML_6 配合物,M 的 5 个 d 轨道($d_{xy}, d_{xz}, d_{yz}, d_{x^2-y^2}, d_{z^2}$)受配体作用产生能级分裂,分成两组能量相差为 Δ(称为轨道分裂能)的轨道(t_{2g} 和 e_g^*),t_{2g} 有 3 个能量相同的轨道,其能量低于 e_g^* 轨道,e_g^* 有两个能量相同的轨道,配位化合物电子自旋情况与轨道分裂能 Δ 与电子成对能 P 的相对大小有关。而轨道分裂能 Δ 的大小与中心离子 M 的价态、中心离子 M 的元素位于周期表的位置和配体的强弱有关。实验表明,当中心离子 M 的价态不变时,在强场配体(如 CN^-,NO_2 等)的影响下,$\Delta > P$,形成低自旋配合物,配合物的不成对电子数少;而在弱场配体(如 H_2O,X^- 等)的影响下,$\Delta < P$,形成高自旋配合物,配合物的不成对电子数多。亚铁化合物 $K_4[Fe(CN)_6]$ 表现出逆磁性,配合物离子 $[Fe(CN)_6]^{4-}$ 的电子组态为 $t_{2g}^6 e_g^{*0}$,为低自旋配合物。$FeSO_4 \cdot 7H_2O$ 由于配合物离子 $[Fe(H_2O)_6]^{4-}$ 的电子组态为 $t_{2g}^4 e_g^{*2}$,表现出顺磁性。因此,利用物质的磁性可以研究配位化合物中心离子的电子结构。

对于有机化合物,Pascal 发现每一化学键有确定的磁化率值,将有机化合物所包含的各个化学键的磁化率加和,得到有机化合物的磁化率,利用磁性质的加和规律,可通过测定新化合物的磁化率来推断该化合物的分子结构。

物质的 χ_M 可用核磁共振波谱和磁天平法测定,通常采用 Couy 磁天平法。

将装有样品的平底玻璃管悬挂在天平的一端,样品的底部置于永磁铁两极中心(此处磁场强度最强),样品的另一端置于磁场强度可忽略不计的位置,此时样品管处于一个不均匀磁场中,沿样品管轴心方向,存在一个磁场强度梯度 dH/dS,若忽略空气的磁化率,作用于样品管上的力 f 为

$$f = \int_0^H \chi A \mu_0 H (dH/dS) dS = \frac{1}{2} \chi H^2 A \mu_0 \tag{3-46}$$

式中,A 为样品的截面积。

无磁场和加磁场时,称量空样品管的质量分别为 $W_空$ 和 $W'_空$;称量装样品的样品管质量分别为 $W_{样+空管}$ 与 $W'_{样+空管}$,则有

$$\Delta W_1 = W'_空 - W_空$$

$$\Delta W_2 = W'_{样+空管} - W_{样+空管}$$

$$f = (\Delta W_2 - \Delta W_1) \cdot g = \frac{1}{2} \chi H^2 A \mu_0$$

$$\chi = \frac{2(\Delta W_2 - \Delta W_1)g}{\mu_0 H^2 A}$$

$$\chi_M = M\chi/\rho, \quad \rho = W/hA$$

$$\chi_m = \frac{2(\Delta W_2 - \Delta W_1)ghM}{\mu_0 H^2 W} \tag{3-47}$$

式中:h 为样品高度(m);W 为一定磁场强度下样品质量 $W = W_{样+空管} - W_空$(kg);M 为样品的摩尔质量(kg·mol^{-1});g 为重力加速度,取 9.8 m·s^{-2};H 为磁场两极中心处的磁场强度(A·m^{-1}),用高斯计直接测量,或用已知质量磁化率的标样(固体标样一般为莫尔氏盐,液体标样为水)间接标定。

目前在文献中磁感应强度的单位用高斯(G),它与国际单位制(SI)特斯拉(T)换算关系为

$$1\ T = 10\ 000\ G$$

磁场强度是反映外磁场性质的物理量,与物质的磁化学性质无关。习惯上采用的单位为奥斯特(Oe),它与国际单位 A·m^{-1} 的换算关系为

$$1\ Oe = (4\pi \times 10^{-3})^{-1}\ A \cdot m^{-1}$$

真空的导磁率 $\mu_0 = 4\pi \times 10^{-7}$ N·A^{-2},空气的导磁率 $\mu_空 \approx \mu_0$,则

$$B = \mu_0 H = 10^{-4}\ T = 1\ G$$

在空气介质中,1 Oe 的磁场强度所产生的磁感应强度正好是 1 G,二者单位虽然不同,但在量值上是等同的。习惯上用测磁仪测得的"磁场强度"实际上指在某一介质中的磁感应强度,单位用高斯,故测磁仪器称为高斯计。

影响物质磁化率测量准确性的因素主要有样品纯度、样品堆积均匀程度和励磁电流的稳定性。一般测量选择分析纯级纯度的样品。为了使样品均匀堆积,将固体样品研磨为颗粒小、粒度大体均匀的粉末,装样时要均匀填实。励磁电流的稳定性与电流的稳定性有关。磁铁发热使线圈的电阻增加,导致电流与磁场强度变化,测量结果难以重现(测量精确度低)。为防止磁铁发热,在磁铁外部通足够的冷水维持磁铁温度的稳定。此外,励磁电流的大小不同,稳定程度也不同,应根据待测物质的磁化率选择励磁电流。一般,低磁化率的样品选择较大的励磁电流,高磁化率样品选择较小(不能太小)的励磁电流。

三、仪器与试剂

(1)MT-1 型永磁天平 1 台;

(2)平底软质玻璃样品管 1 支(长 100 mm,外径 10 mm);

(3)装样品工具 1 套(包括研钵、角尺、小漏斗、竹针、脱脂棉、玻璃棒、橡皮垫等);

(4)莫尔氏盐 $(NH_4)_2SO_4 \cdot FeSO_4 \cdot 6H_2O$(分析纯),$FeSO_4 \cdot 7H_2O$(分析纯),$K_4[Fe(CN)_6]$(分析纯)。

四、实验步骤

(1)将磁天平电流表上的调节旋钮左旋到底,启动磁天平。

(2)用高斯计测量特定励磁电流值(3 A和4 A)和对应的磁场强度值。

从小到大(0→3 A)平稳地调节励磁电流,用高斯计测出3 A电流下的磁场强度值;再调节励磁电流(3 A→4 A),测出4 A电流下的磁场强度值;将电流升到5 A后,再将电流从5 A缓降至4 A,测出4 A电流时的磁场强度值;将电流从4 A缓降到3 A,测出3 A电流时的磁场强度值。把电流降为0,重复上述操作,再次测量励磁电流值和对应的磁场强度值。

(3)用已知χ_m的莫尔氏盐标定特定励磁电流值所对应的磁场强度值。

1)空样品管质量的测定。取一支清洁、干燥的空样品管悬挂在Couy磁天平的挂钩上,使样品管底部正好与磁极中心线齐平,准确称得空样品管质量$W_{空(0)}$;然后将励磁稳流电流开关接通,由小到大平稳调节励磁电流(0→3 A),迅速且准确称取3 A时空样品管质量$W_{空(1)}$;再调节励磁电流(3 A→4 A),称出4 A电流时空样品管质量$W_{空(2)}$;将电流升到5A后,再将电流缓降至4 A,称出4 A电流时空样品管质量$W'_{空(2)}$;将电流从4 A缓降到3 A,称出3 A电流时空样品管质量$W'_{空(1)}$;再将电流降为0,称出无磁场时空样品管质量$W_{空(0)}$。重复上述操作,再次测量空样品管质量。

2)用莫尔氏盐标定磁场强度。取下样品管,将预先用研钵研细的莫尔氏盐通过小漏斗装入样品管,装入样品的过程中不断在木垫上敲击样品管的底部,使粉末样品均匀填实,上下一致,端面平整,直至刻度为止(约150 mm高,用直尺准确量出样品的高度h,准确至1 mm)。按空样品管质量测定的方法将装有莫尔氏盐的样品管置于Couy磁天平中,在相应的励磁电流(0 A,3 A,4 A)下进行测量。

测定完毕,将样品管中的样品松动后倒入回收瓶,然后将样品管洗净、干燥备用。

(4)$FeSO_4 \cdot 7H_2O$和$K_4[Fe(CN)_6]$磁化率的测定。用标定磁场强度的同一样品管,按步骤(3)的操作方法装入待测样品并进行测量。

五、数据记录与处理

(1)记下实验温度(实验开始、结束时各记一次温度,取平均值)。按表3-12、表3-13方式记录实验数据并按要求计算各种数据的平均值,填入表中。

表3-12　数据记录(1)

平均室温:_____℃;样品的高度h:_____m

I/A		磁场强度 $H/(A \cdot m^{-1})$			$W_{空管质量(I)}/g$				$W_{(莫尔氏盐+空管)(I)}/g$			
		1	2	平均	1	平均	2	平均	1	平均	2	平均
0	I 增加											
	I 减小											
3	I 增加											
	I 减小											

续　表

I/A		磁场强度 $H/(\text{A} \cdot \text{m}^{-1})$			$W_{空管质量(I)}/\text{g}$				$W_{(莫尔氏盐+空管)(I)}/\text{g}$			
		1	2	平均	1	平均	2	平均	1	平均	2	平均
4	I 增加											
	I 减小											

表 3 - 13　数据记录(2)

样品的高度 h :＿＿＿＿＿　m

I/A		$W_{[(FeSO_4 \cdot 7H_2O+空管)](I)}/\text{g}$				$W_{[(FeSO_4 \cdot 7H_2O+空管)](I)}/\text{g}$			
		1	平均	2	平均	1	平均	2	平均
0	I 增加								
	I 减小								
3	I 增加								
	I 减小								
4	I 增加								
	I 减小								

(2)按下列公式和表 3 - 12、表 3 - 13 中的数据分别计算 $I = 0, 1$ A, 2 A 时的 $\Delta W_{空管(I)}$, $\Delta W_{标样(I)}$ 和 $\Delta W_{样品(I)}$, 并填入表 3 - 14、表 3 - 15 中。

$$\Delta W_{C,k(I)} = W_{C,k(I)} - W_{C,k(0)}$$
$$\Delta W_{C(I)} = [\Delta W_{C,1(I)} + \Delta W_{C,2(I)}]/2$$

式中, $W_{C,k(I)}$ 表示电流 I 时, C 物(空样品管、样品+空样品管)第 k 次测出的质量。

表 3 - 14　数据处理(1)

I/A	$\Delta W_{空管}/\text{g}$	$\Delta W_{(莫尔氏盐+空管)(I)}/\text{g}$	$\Delta W_{(FeSO_4 \cdot 7H2O+空管)(I)}/\text{g}$	$\Delta W_{(K_4[Fe(CN)_6]+空管)(I)}/\text{g}$
0				
3				
4				

表 3 - 15　数据处理(2)

I/A	莫尔氏盐		FeSO$_4$ · 7H$_2$O		K$_4$[Fe(CN)$_6$]	
	$(\Delta W_2 - \Delta W_1)/\text{g}$	W/g	$(\Delta W_2 - \Delta W_1)/\text{g}$	W/g	$(\Delta W_2 - \Delta W_1)/\text{g}$	W/g
0						
3						
4						

$$\Delta W_2 - \Delta W_1 = \Delta W_{样品+空管(I)} - \Delta W_{空管(I)}$$
$$W = W_{(I)} = W_{样品+空管(I)} - W_{空管}$$

(3)由莫尔氏盐的摩尔磁化率 χ_M 和实验数据,计算磁场强度 H,并与用高斯计所测得的 H 进行比较,计算出测量误差,则有

$$\chi_M = 9\,500 \times 4\pi \times 10^{-9}/(1+T)$$

式中:M 为莫尔氏盐的摩尔质量($kg \cdot mol^{-1}$);T 为热力学温度。

(4)用 $FeSO_4 \cdot 7H_2O$ 和 $K_4[Fe(CN)_6]$ 的实验数据,根据式(3-44)、式(3-45)和式(3-47)计算样品的 χ_M,μ_m 和 n,根据 n 值和配合物结构知识,讨论实验样品中心离子的 d 电子排布和配体强弱。

(5)从相关手册查出室温下 $FeSO_4 \cdot 7H_2O$ 和 $K_4[Fe(CN)_6]$ 的 χ_M 分别为 1.407×10^{-7} $m^3 \cdot mol^{-1}$ 和 $-1.634 \times 10^{-9} m^3 \cdot mol^{-1}$,计算实验结果的相对偏差。

六、思考题

(1)在不同磁场强度下,测得的样品的摩尔磁化率是否相同? 为什么?

(2)试分析影响测定 χ_M 值的各种因素。

(3)为什么实验测得各样品的 μ_m 值比理论计算值稍大? 〔提示:公式(3-47)仅考虑顺磁化率由电子自旋运动贡献,实际上轨道运动也对某些中心离子有少量贡献。如铁离子,实验测得的 μ_m 值偏大,由式(3-47)计算出的 n 值也稍大于实际的不成对电子数。〕

实验二十 量子化学方法模拟化学反应动力学

一、实验目的

(1)掌握过渡态理论的基本原理。

(2)掌握寻找化学反应过渡态的方法。

(3)熟悉化学反应速率常数的计算方法。

(4)熟悉连通化学反应路径和验证路径合理性的方法。

二、实验原理

在研究化学反应的问题中,化学动力学与化学热力学具有同等重要的地位,同是物理化学的一个重要组成部分。热力学主要关心变化的始态与终态,研究反应自发进行的趋势大小,而动力学是研究化学反应速率与反应机理的科学。反应速率包括速率的表示方法、测定方法、外界因素(温度、浓度、压力、催化剂、反应介质、电磁辐射等)对反应速率的影响;反应机理则包括反应发生的具体步骤、历程,分子结构的变化过程及结构变化与能量的关系等。

化学反应机理的概念可从以下几方面来认识。第一,一种观念认为由多个基元反应完成的复杂反应需要经历由反应物到一些中间物质,经过一系列中间反应步骤后,方能到达最终产物。研究反应究竟经过了哪些中间步骤即称为反应机理或反应历程的研究。第二,随着科技的发展,实验上已经可以通过控制气体分子的定向运动速度,使分子与分子在一定的可控能量下发生碰撞而反应,从而弄清一些反应发生的机制或机理(李远哲,1986 年诺贝尔化学奖)。第三,近年来发展起来的激光飞秒、阿秒技术等(Zewail,1999 年诺贝尔化学奖),可以直接检测一些反应中间物质的存在、性质和分解过程,获得反应机理。第四,近年来量子化学的发展,可以从给定反应物出发,计算得到分子化学键断裂与形成过程的结构和能量,为大量反应机理的研究创造了条件,并且正是目前从文献中所见到的研究热点。

阐述反应机理的理论方法很多,下述主要介绍目前比较常用的过渡状态理论(Transition State Theory, TST)。过渡状态理论又称绝对反应速率理论,1931—1935 年由艾林(Eyring)和波兰尼(Polanyi)提出。该理论建立在势能面的基础上,其基本要点是,反应物分子在相互靠近的过程中价键要重排,形成各种可能结构的原子结合体,不同结构及其对应的能量由势能面描述。原子结合体如果一旦获得过渡状态的结构,就有可能变成产物,发生化学反应。反应速率也就是过渡态分解为产物的速率。

由此可见,势能面和面上的关键点(即稳定点与过渡态)成为该理论的核心。目前,从量子化学理论研究的角度,势能面虽然已经不难获得,但因计算量较大,精确的势能面还很少。为此,在反应机理的研究中,多数工作便集中在确定关键点的结构和能量上。

根据分子势能面 $E(R)$ 的几何特征,不难理解分子的稳定构型在数学上满足 $E(R)$ 对所有 R 的一阶微分为零和二阶微分全部大于零(曲面下凹)的条件为

$$\left.\begin{aligned} &\frac{\partial[E(R)]}{\partial R_i} = 0 \quad (i = 1, 2, \cdots, 3n - 6) \\ &\frac{\partial^2[E(R)]}{\partial R_i^2} > 0 \end{aligned}\right\} \tag{3-48}$$

过渡态(鞍点)的几何特征则满足 $E(R)$ 对所有 R 的一阶微分为零和二阶微分"有且仅有一个小于零"的数学条件,即曲面只有在某 R_k 一个方向向上凸起,而在其他所有方向则全部下凹,有

$$\left.\begin{aligned} &\frac{\partial[E(R)]}{\partial R_i} = 0 \quad (i = 1, 2, \cdots, 3n - 6) \\ &\frac{\partial^2[E(R)]}{\partial R_k^2} < 0, \frac{\partial^2[E(R)]}{\partial R_i^2} > 0 \quad (i \neq k, i = 1, 2, \cdots, 3n - 6) \end{aligned}\right\} \tag{3-49}$$

以此数学条件为基础,即可编制程序,在计算量不大的前提下确定关键点的位置并计算出各点的能量。

如果要确认一个过滤态(Transition State, TS)是否的确为两个稳定点之间的过渡态,同时也是为了弄清化学键断裂与形成的详细过程,还可从过渡态 TS 出发,计算一条存在于 TS 两边并与势能面上各等高线垂直的曲线,称为内禀反应坐标(Intrinsic Reaction Coordinates, IRC)。如果 IRC 能够到达两个稳定点的位置,即可确认反应按这一途径发生。如果该 TS 不是两个特定稳定点之间的过渡态,则可通过进一步的计算寻找所需要的 TS。由于从任何一个 TS 出发,IRC 都必然会连接到两个稳定点,因此 TS 的搜寻往往成为计算的关键。由等高线的知识不难理解,在 TS 位置处,IRC 的方向就是 R_k 所在的方向。

图 3-8 所示为某种量子化学方法计算得到的 $H_2 + CO$ 基态势能面上的 IRC。可见,IRC 连接了 3 个稳定点和 2 个 TS,对应的结构与相对能量关系已清楚地表示在图中。文献中称这种图形为反应通道或反应路径。

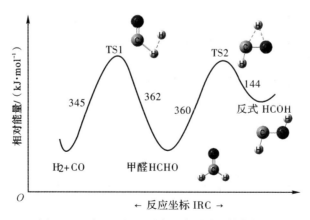

图 3-8 由 $CO + H_2$ 反应生成甲醇的势能剖面

对该图可作下述分析。

(1)热力学过程:图3-8表明,由 H_2+CO 生成甲醛的化学反应是热效应不明显的反应。这与用实验数据进行热化学计算的结果($\Delta_r H_{m,298}^{\ominus}=1.9$ kJ·mol^{-1})符合。甲醛是化合物中最稳定的结构。尽管反式 HCOH 也是一个稳定结构,但它的能量比甲醛要高约216 kJ·mol^{-1}。

(2)动力学过程:从反应物 H_2+CO 出发,甲醛的生成经历了 H_2 的一端(第一个 H)首先与 CO 中的 C 结合,而第二个 H 与 C 也有一定程度的相互作用和结合,形成过渡态 TS1。接着,TS1 中第二个 H 与 C 的相互作用逐渐加强,H—H 键逐渐削弱、断裂,反应物越过约 345 kJ·mol^{-1} 的能垒,形成甲醛。同理,甲醛与反式 HCOH 之间转变的动力学过程为:甲醛中的一个 H 经 C—H 键的弯曲,向 O 原子靠近,H 与 O 之间的相互作用逐渐加强,形成过渡态 TS2。TS2 中 H,O 相互作用进一步加强的同时,原来的 C—H 键逐渐削弱、断裂,甲醛越过约 360 kJ·mol^{-1} 的能垒,形成反式 HCOH。

过渡态理论可以不依赖任何实验数据而完全通过理论计算的方法得到反应速率常数 k,因此称为"绝对反应速率理论"。下面以 A+B 双分子反应模型为例,介绍如何计算 k 值。

假定 A+B 的双分子反应模型为

$$A + B \xrightleftharpoons[\text{①}]{\text{快}} TS \xrightarrow{\text{慢}}{\text{②}} \text{产物}$$

反应步骤①是反应物与 TS 之间的快速平衡过程,TS 的浓度因此可保持相对稳定,并可由平衡常数表示出来,即

$$K_{TS}^{\ominus} = \frac{c_{TS}/c^{\ominus}}{(c_A/c^{\ominus})(c_B/c^{\ominus})} = \frac{c_{TS}}{c_A c_B} c^{\ominus}$$

可得

$$c_{TS} = K_{TS}^{\ominus} c_A c_B / c^{\ominus} \tag{3-50}$$

反应步骤②是 TS 分解为产物的慢反应过程,因此是反应的决速步。

由势能面上 TS 所在位置的几何特征可知,反应坐标 IRC 在 TS 位置处就是 R_k 所对应的方向,或者说 TS 所在位置的势能曲面在其他所有方向 $R_i(i \neq k)$ 上虽然都是向下凹,但在 R_k 一个方向却向上凸起,即 TS 的能量沿 IRC 是降低的[见式(3-49)]。因此,TS 的能量在反应坐标方向上处于势能的极大值。它表明,沿 IRC 方向,TS 的任何一次振动都会导致其能量的降低,或该振动方式是没有回收力的振动,振动能级差自然也比其他一般振动小得多,而与平动能级相当。因此可以假定,TS 在这一方向上的一次振动就能形成产物。当然,TS 沿其他所有方向 $R_i(i \neq k)$ 的振动,都是使能量升高的振动,不可能使 TS 解体成为产物。因此,反应速率与 TS 的浓度 c_{TS} 和沿 R_k 的振动频率 ν_{TS} 成正比,即

$$r = \nu_{TS} c_{TS} \tag{3-51}$$

将式(3-50)代入式(3-51),得

$$r = \nu_{TS} K_{TS}^{\ominus} c_A c_B / c^{\ominus} \tag{3-52}$$

对比双分子基元反应的速率公式 $r = k c_A c_B$,得到速率常数为

$$k = \nu_{TS} K_{TS}^{\ominus} / c^{\ominus} \tag{3-53}$$

必须指出,在用量子化学方法对 TS 进行振动分析中,可以得到一个唯一的振动虚频(imaginary frequency),这一频率表明 TS 的能量沿反应方向 R_k 为极大值,或该振动方式是一

个不稳定的振动模式,不表示 TS 真正的振动频率。因此,v_{TS} 不能用虚频来计算,应与其他的真正振动频率分开。

根据统计热力学,平衡常数 $K_{TS}^{\ominus}$ 可表示为

$$K_{TS}^{\ominus} = \frac{Q_{0,TS}^{\ominus}}{Q_{0,A}^{\ominus} Q_{0,B}^{\ominus}} \exp\left(-\frac{E_0}{RT}\right) \tag{3-54}$$

式中,E_0 是 TS 与反应物各自考虑零点能后的能量(热力学能)之差,即为过渡态理论中的活化能。将沿 IRC(即 R_k)方向的虚频振动(ν_{TS})的配分函数 Q_{TS}^v 从 $Q_{0,TS}^{\ominus}$ 中分离出来

$$Q_{0,TS}^{\ominus} = Q_{TS}^v Q_{TS}^* \tag{3-55}$$

式中,Q_{TS}^* 为其他真实振动配分函数,而频率为 ν_{TS} 的振动配分函数为

$$Q_{TS}^v = \frac{1}{1 - e^{-h\nu_{TS}/k_B T}} \tag{3-56}$$

式中,k_B 是玻兹曼常数。正因为 ν_{TS} 本身对应的是一个不稳定的振动,相当于一个频率(能量)比一般振动低得多的振动,所以 $h\nu_{TS} \ll k_B T$。根据级数展开式 $e^{-x} = 1 - x + x^2/2! - \cdots$,略去高次项,式(3-56)改写为

$$Q_{TS}^v \approx \frac{1}{1 - (1 - h\nu_{TS}/k_B T)} = \frac{k_B T}{h\nu_{TS}} \tag{3-57}$$

分离后的平衡常数 $K_{TS}^{\ominus,*}$ 可表示为

$$K_{TS}^{\ominus,*} = \frac{k_B T}{h\nu_{TS}} \frac{Q_{TS}^*}{Q_{0,A}^{\ominus} Q_{0,B}^{\ominus}} \exp\left(-\frac{E_0}{RT}\right) \tag{3-58}$$

将式(3-58)代入式(3-53),可得速率常数为

$$k = \frac{k_B T}{h} K_{TS}^{\ominus,*} \tag{3-59}$$

式(3-59)就是所给反应模型在过渡态理论中的基本公式。其中 $K_{TS}^{\ominus,*}$ 可通过统计热力学或经典热力学计算得到。

采用经典热力学方法计算 $K_{TS}^{\ominus,*}$ 时,需要考虑反应物到 TS 在标准态下的变化过程,即

$$\Delta G_{TS}^{\ominus} = \Delta H_{TS}^{\ominus} - T \Delta S_{TS}^{\ominus} = -RT \ln K_{TS}^{\ominus,*} \tag{3-60}$$

其中有关物理量分别称为"活化吉布斯函数""活化焓"和"活化熵"。将式(3-60)代入式(3-59),得

$$k = \frac{k_B T}{h} \exp\left(\frac{\Delta S_{TS}^{\ominus}}{R}\right) \exp\left(-\frac{\Delta H_{TS}^{\ominus}}{RT}\right) \tag{3-61}$$

式(3-61)即为结合经典热力学的过渡态理论的反应速率常数计算公式。过渡态理论表明,活化能 E_a 和活化熵 $\Delta S_{TS}^{\ominus}$ 共同影响反应的速率常数,但以活化能的影响为主。

在量子化学计算过程中,首先猜测并计算可能的反应驻点,并采用 IRC 验证过渡态存在的合理性,进而得到可能的反应路径。接着可以计算反应活化焓、活化熵,并结合反应温度计算反应速率常数。

三、实验仪器

(1)硬件:PC(Windows 操作系统)或服务器计算机;

(2)软件:Gaussian 09W,GaussView(Windows 版)。

四、操作步骤

本实验研究室温 298 K 下甲醛通过以下 2 个反应生成不同产物的机理,并计算反应活化能 E_0 及反应速率常数 k。

反应 A: CH_2O(甲醛)$=CO+H_2$

反应 B: CH_2O(甲醛)$= CH—OH$(甲醇)

1.计算反应 A 的过渡态并进行 IRC 验证

首先编写 G09W 程序的输入文件,利用反应 A 过渡态 TS1 的初始猜测构型和 Opt=TS 命令,优化出反应 A 的过渡态。从输出文件中得到:

(1)TS1 的经过零点能修正后的能量,查找输出文件中含有下面字符串所对应的数值。

Sum of electronic and zero‑point Energies=

(2)TS1 的热力学焓值,查找输出文件中含有下面字符串所对应的数值。

Sum of electronic and thermal Enthalpies=

(3)TS1 的 Gibbs 自由能值,查找输出文件中含有下面字符串所对应的数值。

Sum of electronic and thermal Free Energies=

运行 GaussView,观察 TS1 唯一虚频对应的振动情况,观察从 TS1 到产物 H_2 和 CO 反应的动力学过程。

此步骤 G09 输入文件参考内容如下:

%Chk=formts

#T B3LYP/6‑31G(d)Opt(CalcFC, TS) Freq Test

H2+CO<->H2COOpt Freq

0 1

O

C,1,1.13

H,2,1.1,1,164.0

H,3,1.3,2,90.0,1,0.

－－Link1－－

%Chk=formts

%NoSave

#T B3LYP/6‑31G(d) IRC=RCFC Guess=ReadGeom=AllCheck Test

H2+CO<->H2CO IRC

2.计算反应 B 的过渡态并进行 IRC 验证

首先编写 G09W 程序的输入文件,利用 Opt=QST2 命令,优化出反应 B 的过渡态。从输出文件中得到:

（1）TS2 的经过零点能修正后的能量,查找输出文件中含有下面字符串所对应的数值。

Sum of electronic and zero‐point Energies＝

（2）TS2 的热力学焓值,查找输出文件中含有下面字符串所对应的数值。

Sum of electronic and thermal Enthalpies＝

（3）TS2 的 Gibbs 自由能值,查找输出文件中含有下面字符串所对应的数值。

Sum of electronic and thermal Free Energies＝

运行 GaussView,观察 TS2 唯一虚频对应的振动情况,观察从 TS2 到反应物和产物两端的动力学过程。

此步骤 G09 输入文件参考内容如下:

％Chk＝methanol

＃T B3LYP/6‐31G(d)Opt＝QST2 Freq Test

formaldehyde

0 1

C

O,1,AB

H,1,AH,2,HAB

H,1,AH,2,HAB,3,180.,0

AB＝1.18429

AH＝1.09169

HAB＝122.13658

transhydroxcarbene

0 1

C

O,1,AB

H,1,AH0,2,BAH0

H,2,BH6,1,ABH6,3,180.,0

AB＝1.29994

AH0＝1.09897

BH6＝0.95075

BAH0＝103.00645

ABH6＝109.43666

——Link1——

%Chk＝methanol
%NoSave
♯T B3LYP/6－31G(d) IRC＝RCFC Guess＝ReadGeom＝AllCheck Test

HCOH＜->H2CO IRC

五、数据处理

(1)分别记录反应物 CH_2O、反应 A 产物和反应 B 产物的相关热力学数据于表 3－16 中。

表 3－16　反应物 CH_2O、反应 A 产物和反应 B 产物的相关数据

分　子	CH_2O	H_2	CO	H_2+CO	HCOH
经零点能修正能量					

(2)分别计算 TS1,TS2 与反应物之间的能量差值,进而计算反应 A 和反应 B 的活化能。

(3)在室温 $T=298$ K 下,通过 TS1 与反应物 CH_2O 的热力学焓和 Gibbs 自由能值,采用 $G=H-TS$ 分别计算热力学熵值,并将焓值与熵值代入式(3－61)计算反应 A 的速率常数 k_A。

(4)采用与上一步相同的方法计算反应 B 的速率常数 k_B。

(5)参考图 3－8 绘制反应 A 和反应 B 的反应路径图。

六、思考题

(1)反应动力学主要用于什么方面的研究?
(2)反应中的过渡态与稳定中间体的区别是什么?
(3)化学反应路径是否只有一条?
(4)如何将过渡态理论与其他的经验反应机理联系起来? 它们有何异同?

第四部分　虚拟仿真实验

　　近年来,将先进的仪器分析技术加入常规实验教学中是物理化学实验教学发展的又一重要举措,也是创新人才培养的重要组成部分。这些先进的实验技术通常涉及光谱及色谱分析,但光谱及色谱分析仪器价格昂贵,因此国内高校目前鲜有面向本科生开展此类教学。基于此,本书以"瞄准学科前沿,更新教学内容,培养创新人才"为目标,运用计算机虚拟仿真技术、数据库技术和多媒体技术,设置了研究型智能化交互式虚拟仿真实验教学内容。

实验二十一　气相色谱-质谱联用仪智能仿真

一、基本原理

气相色谱-质谱联用仪由气相色谱仪和质谱仪组成,由计算机统一管理。

气相色谱仪由气路系统、进样系统、分离系统、检测系统、记录与数据处理系统组成。其核心是色谱分离柱,简称色谱柱。色谱柱外观为不锈钢管、铜管或玻璃管,长度从几厘米至几百厘米,内部填充有不同性能的吸附剂。近年来,随着色谱技术的发展,涂覆吸附剂于管壁的空心毛细管色谱柱得到了广泛的应用,其长度一般为 30 m,也可更长,这使分离效率大幅度提高。两种色谱柱的工作原理并无本质上的区别,都是利用不同分子的分子间引力的差异来分离混合物,即由于分子极性不同、在吸附剂或毛细管壁上的附着力(分子间引力)不同,因此在载气的冲洗下,作用力较小的分子容易脱离吸附状态而向后移动,表现出移动速度快,而作用力较大的分子则移动较慢。在不同时间收集通过色谱柱的混合气体,即可得到不同成分的物质,达到分离的目的。

色谱检测器有热导检测器和氢焰检测器等。热导检测器又称热导池,其内部为通有一定电流的热敏电阻丝,由于不同气体的导热系数不同,含有待测物的载气与纯载气相比,将从电热丝上带走不同的热量,导致电热丝温度变化,电阻也相应变化,用电桥检测出电信号并被仪器记录,最后输入计算机,得到色谱图。

色谱图上不同的峰,代表不同的物质,峰的数目代表不同物质的种类,而面积则代表各组分的相对含量。因此,通过色谱分析,我们可以确定样品由几种物质混合而成,以及其相对含量为多少等信息。每一个谱峰具体是什么物质,则有待于相对分子质量和分子结构的测定。

相对分子质量可以通过质谱仪测定。在色谱-质谱联用仪中,毛细管色谱柱的末端与质谱仪直接相连。上述色谱峰的位置和面积,则一次性地由质谱仪对不同物质出现的时间和数量来确定。经电子轰击,来自气相色谱仪的各单组分的分子将被电离或解离。带正电的粒子通过电场加速,进入质量分析器进行质量分析,最后进入检测器。

质谱仪的核心是质量分析器。早期的质量分析器是一个均匀的磁场,经过电场加速达到一定速度的正离子,在磁场中飞行会改变运动方向。质量不同的粒子,由于惯性大小不同,偏转的角度也不同,在质量分析器末端一定位置上可检测到各种质量的粒子。

磁场质量分析器非常笨重,随着科技的发展,现代的质谱仪中已不再使用,取而代之的是质量轻、体积小、价格低廉的四极质量分析器,其基本原理是使正离子通过两对电极产生的电场,电极的极性交替变化,正离子作螺旋式运动,通过控制极性变化的频率,使一定质量的粒子通过,达到分离不同质量粒子的目的。

检测器一般采用电子倍增器。离子轰击某些合金材料,将从材料表面诱发出电子,经过电场的作用,电子再轰击另一材料表面,诱发出更多的电子,并向正电势一端移动,由信号放大器即可检测出电信号。电信号包括离子质量、出现离子的时间和离子的数量。离子数量又称为丰度。这些信息都清楚地反映在色谱-质谱图中。

由此可见,一张色谱图中可能有很多(如兴奋剂检测中可达百余个)谱峰,对应不同的物质,而每一色谱峰均对应一幅单独的质谱图。

二、虚拟仿真过程

气相色谱-质谱联用仪多媒体仿真软件包括原理、演示、仿真操作和测验四部分。原理和演示文件打开后自动播放,并配有解说和相应的演示画面。仿真操作文件打开后,可完全参照演示部分的内容依次操作。测验部分主要用来检验操作者对所学内容的掌握程度,并配有标准答案作对照。

软件操作步骤如下:

(1)打开计算机,放入光盘。打开光盘内容,进入该软件主界面。主界面上显示"原理""演示""仿真"和"测验"4个按纽。可任意点击,无先后顺序。

(2)点击"原理"或"演示",可观看该仪器的原理介绍和样品分析的仿真操作过程。播放完成后,点击"返回",回到主界面。

(3)点击"仿真",即可开始未知样品的仿真分析过程。

1)选择某一未知样品。

2)进入控制系统,页面中有"参数设置""进样""谱图""打开文件"4个按纽,使用时需依次点击。

3)选中并点击"参数设置",进入各项参数设置界面。

4)选择分离柱,点击"毛细管柱",显示3种极性的毛细管柱,选择其中一个。当不知如何选择时,可点击屏幕下方"提示"按钮,获得柱选择的信息。

5)点击"下一步",进入"温度设置",打开加热器和区域温度开关,进入区域温度的设置。

6)区域温度设置界面中包括进样口温度和检测器温度的设置,分别点开下拉菜单,进行温度的选择。当选择不合适时,将有提示栏跳出,提示正确选择。也可直接点击"提示"按钮后再选择。点击"下一步"。

7)进行程序升温设置。程序升温设置包括初始温度和最终温度设置,点开下拉菜单,选择某一温度。也可经"提示"后再选择。点击"下一步"。

8)柱压设置,点开下拉菜单,选择某一压力,或经"提示"后再选择。点击"下一步",进行分流比选择。

9)点开下拉菜单,选择某一比例,或经"提示"后再选择。点击"下一步",进行质谱检测的"分子质量范围"设置。

10)点开下拉菜单,选择某一分子质量范围,或经"提示"后再选择。点击"下一步"。

11)显示所有已设参数,可检查所设置的参数是否合适。若需修改,点击"上一步",返回相应的页面进行参数的修改。如果无误,点击"完成",回到控制系统主页面。准备进样。

12)点击"进样",显示进样画面。画面播放完成后,自动返回主界面,开始气相色谱和质谱的分析。

13)点击"谱图",进入色谱分析界面。点击"色谱图",出现色谱图的出峰过程。色谱峰的数目反映样品中所含组分的多少。出峰完成后,"色谱图"按钮成为灰色,不可点击。其他按钮同时被激活。拖动绿色标尺至各色谱峰,则在屏幕左下方方框内显示各色谱峰出峰的保留时间及峰面积。点击"标识图谱",各色谱峰上自动标识出保留时间。点击"图形处理",可对色谱图进行左右移动、放大缩小等处理。至此,色谱分析就结束了。点击"质谱检索",进入质谱分析。

14)将绿色标尺拖至某一色谱峰,并点击,则在色谱图下方显示与该色谱峰对应的质谱图。点击"质谱分析",进入对该样品质谱的分析。

15)在屏幕左下方显示标准图库中与样品质谱图相匹配的 5 种物质的名称、相对分子量和匹配概率。点击任意物质,在右侧方框内将显示该物质的结构式,在样品色谱图的下方显示该物质的标准质谱图。屏幕右上方有"样品质谱解析"和"标准图库检索"两个按钮,可进行切换。点击"样品质谱解析",则在样品质谱图下显示其主要质谱峰所对应的分子碎片。经过比较分析,即可确定色谱峰所对应的物质。点击"返回",以同样的方法进行其他色谱峰的质谱分析。分析完成后,"保存"分析结果。"返回"控制系统界面。选择"打开文件",可查看已保存的色谱和质谱分析结果。一个学习过程就完成了。详细过程请参看"演示"。

16)某一样品的仿真操作完成后,点击"返回",到"仿真操作-样品选择"界面,继续其他样品的测试,方法同上。

(4)"测验"部分包括 10 道关于气相色谱-质谱联用仪的测试题,并配有标准答案和对错提示。

实验二十二　傅里叶变换红外光谱仪智能仿真

一、基本原理

红外光谱是波谱分析的一种,是测定分子结构的一种最常用的仪器。

为了更好地学习红外光谱等波谱分析的基本原理,首先要了解一些波谱分析的基础知识。我们知道,自然界中存在着连续的电磁辐射,按其能量从高到低,也就是波长由短到长依次为γ射线、X射线、紫外光、可见光、红外线、微波和无线电波。

现代波谱分析中有用的光谱区域是X射线区、紫外可见区、红外区和无线电波区。对应的分析方法是X射线衍射、紫外可见光谱、红外光谱和核磁共振谱。其中,可见光区也包括原子光谱。

电磁辐射用于化学分析,其基本原理是样品对辐射的特征吸收。吸收的波长用于物质的种类鉴定,称为定性分析;吸收的程度用于物质的含量测定,称为定量分析。

物质内部各种运动有不同的能级,这些运动在能级间的跃迁将产生不同范围的电磁辐射。X射线一般是电子从外层原子轨道向内层原子轨道跃迁产生的,X射线衍射分析将利用其波长较短、与晶体中原子间距相当、可以发生衍射的特性测定晶体结构。紫外光和可见光一般由原子或分子的价电子跃迁而产生,直接用于物质的组成和结构的分析测试。原子光谱一般也对应原子的外层电子激发与跃迁,直接用于元素种类和含量的分析测试。原子价电子的跃迁一般产生紫外和可见光,称为原子发射光谱,而原子发射光照射穿过同种原子后,又可被吸收,使光的强度减弱,称为原子吸收光谱。红外辐射对应于分子振动能级和转动能级的跃迁,分子的振动能级间隔比电子能级小,转动能级间隔又比振动能级小,振动与转动能级间的跃迁对应红外辐射,用于分子结构的分析测试。无线电波辐射产生于电磁振荡,利用外加磁场下核自旋能级发生分裂后,无线电辐射可以激发核自旋至不同取向的特性,进行核磁共振分析。

红外光谱仪主要用于有机物、高聚物结构的测定及未知物的鉴定。它最突出的特点是高度的特征性,即每种化合物都有自己独特的红外光谱图。其优点是适用面宽、用量少,即对液体、气体、固体样品都可以进行红外光谱测定。

红外光谱仪主要由光源系统、样品池、波长选择系统、检测系统和数据处理系统等组成。根据需要选择不同的红外光源,如电热钨丝、碳硅棒、能斯特灯以及可调激光器等。

样品池的选用与样品的物理状态相对应。固体样品经过研磨后压成薄片,装入样品架进行测定。液体样品直接点在载片板上,放入样品架进行测定。而气体样品则需装入气体池中进行测定。

波长选择系统是红外光谱仪的核心,由光栅构成,光栅相当于三棱镜,但分光效果比三棱镜好。现代红外光谱仪中一般使用迈克尔逊干涉仪,测量出样品对红外光谱选择性吸收的干涉波信号,经过傅立叶变换的数学处理,得到红外光谱图。我们以光栅分光的红外光谱仪为例来说明仪器的工作原理:从光源出发,光线被分解为相同的两束。一束不经过样品池,称为参比光,另一束穿过样品池。穿过样品池的光线中,有些特定波长的红外线正好能够被分子的振动运动吸收,使振动运动处于激发态能级上。如 H_2O 的弯曲振动将吸收 1 595 cm^{-1} 的红外光,对称伸缩振动吸收 3 657 cm^{-1} 的红外光,反对称伸缩振动吸收 3 756 cm^{-1} 的红外光。透过样品池的红外线中上述三种波长的红外线强度较低,用光栅将透射光分光后与参比光一一比较,便可知哪些波长的红外光已被吸收,从而被仪器记录。

信号的检测利用了红外辐射产生热效应的原理,常用的检测器有热电偶检测器、热敏电阻检测器等。数据处理系统是一组计算机管理系统。随着测试的进行,计算机实时记录信号。

计算机数据库中已储存了大量的已知物标准红外谱图,我们只需将实际测到的谱图与标准谱图对比,就可初步判断样品是什么化合物。当然,对于一种未知的新化合物,计算机不能检测到它的标准红外谱图,但红外光谱可以给我们提供许多有用的信息,再通过核磁共振等其它现代分析技术的帮助,即可确定未知物的结构。

二、虚拟仿真过程

软件操作步骤如下:

(1)打开软件,进入傅里叶变换红外光谱仪"片头",跳出"光盘介绍"及"帮助",进入"主菜单"。

(2)点击"原理",自动播放红外光谱仪的基本原理。

(3)点击"演示",自动播放红外光谱仪的操作演示。

(4)点击"仿真",跳出"未知样品1"~"未知样品7",选定并点击,进入"系统主菜单",点击"谱图扫描"。

(5)选择"扫描区间":400~4 000 cm^{-1},400~800 cm^{-1},800~2000 cm^{-1},2000~4000 cm^{-1} 等;选择"分辨率":10cm^{-1},5cm^{-1},2cm^{-1},1cm^{-1},0.5cm^{-1} 等。如果不选择,直接点击"进入",仪器以默认值 400~4 000 cm^{-1},2 cm^{-1} 进行"谱图扫描"。

(6)点击"本底扫描",扣除环境中 CO_2、水蒸气的干扰。

(7)点击"试样扫描",选择"透射光谱"或"吸收光谱"。

(8)点击"谱图转换",可将透射光谱图与吸收光谱图互换。

(9)点击"图形处理",对谱图进行横向或纵向的放大、缩小、左移、右移、上移、下移等处理。

(10)点击"谱图保存",输入文件名,"保存";"返回"系统主菜单。

(11)点击"谱图检索",打开"样品谱图",点击"文件名",选择谱图颜色,谱图跳出。

(12)点击"选择图库",根据待测样品,选择并点击;点击"检索匹配",出现与待检索样品匹配概率较高的物质名;点击物质名,该标准谱图与样品谱图叠加显示,对应的结构式在谱图下方,逐一点击。

(13)返回"系统主菜单",点击"谱图分析"。

(14)点击"打开文件",选择颜色,点击"文件名",打开。

(15)移动十字标尺,点击"标识谱图",标出波长和相对吸收强度的数值;点击"振动方式",出现对应结构的振动形式,逐一点击。

(16)点击"打印图谱",得到分析样品的红外光谱图。

(17)返回"系统主菜单",点击"测验",通过测验,完成学习。

(18)退出。

实验二十三　原子吸收光谱仪智能仿真

一、基本原理

原子吸收光谱仪又叫原子吸收分光光度计,主要用于测定金属元素的含量,在冶金、地质、采矿、轻工、农业、医药、卫生、食品及环境监测等方面有着广泛的应用。

原子吸收分光光度计主要由光源、原子化系统、光学系统、检测系统和数据处理系统等组成。

原子的外层电子可被激发到不同的能级,因此有不同的激发态。电子从第一激发态跃迁到基态时,要发射出特定频率的光,这种光线正好可以激发下一个处于基态的同种原子,使它的价电子被激发到第一激发态。这一过程被称为共振吸收。原子吸收光谱就是利用已知元素发射的特定谱线被样品中同种原子共振吸收的原理来工作的。不同原子的原子结构不同,核外电子排布不同,因而原子的吸收光谱也不同,元素的吸收谱线具有特征性。

由待测元素制成的空心阴极灯发射出一定强度和一定波长的特征谱线光,当它通过含有待测元素基态原子蒸气的火焰时,其中部分特征谱线的光被吸收,而未被吸收的光照射到光电检测器上被检测,根据特征谱线光被吸收的程度可测得样品中待测元素的含量。

空心阴极灯又叫元素灯,是目前原子吸收光谱仪中普遍使用的光源。空心阴极灯由待测元素的纯金属或合金制成。空心阴极放电即可辐射出待测元素的光谱线。如果需要测定多种元素的含量,在测定完一种元素后需要更换空心阴极灯,吸收波长、狭缝宽度、灯电流以及火焰高度等参数均须作相应的调整。

原子发射光谱仪和原子吸收光谱仪一般都用于无机样品中金属元素的分析,但是,原子发射光谱主要用于未知元素的定性检测,定量灵敏度较低;而原子吸收光谱一般只能用于已知元素的定量分析,不能同时检测出其他未知元素,但其定量精度高。

二、虚拟仿真过程

软件操作步骤如下:

(1)打开软件,进入原子吸收光谱仪"片头",跳出"光盘介绍"及"帮助",进入"主菜单"。

(2)点击"原理",自动播放原子吸收光谱仪的基本原理。

(3)点击"演示",自动播放原子吸收光谱仪的操作演示。

(4)点击"仿真",进入"开机","选择燃气",包括乙炔-空气、乙炔-一氧化二氮、氢气-空气等,不选择时,仪器以默认燃气乙炔-空气进入,点击"下一步"。

(5)打开燃气瓶,开机进入系统。点击"返回"。

(6)点击"参数设置"。在元素周期表中点击待选元素,显示元素名及共振吸收线波长;点击"元素波长表"另选共振吸收线波长。点击"下一步"。

(7)仪器旋转灯架选灯,若点击"上一步",重新选元素及共振吸收线波长。点击"下一步"。

(8)显示:灯的名称、波长、采样次数、采样时间。点击"下一步"。

(9)选择:燃气流量 0.9~1.4 L/min,燃烧器高度 7.0~10.0 mm,灯电流 30%~70%,狭缝宽度 0.2~0.5 nm。点击"下一步"。

(10)点击"点火",仪器自动点火,返回。

(11)点击"标准曲线",仪器自动绘制标准曲线,绘制完成,点击"查询",可以逐点查询,点击"完成",返回。

(12)点击"测样",从标准曲线上查出待测元素的浓度,计算含量;点击"保存",命名。点击"完成",返回。

(13)点击"查看数据",可以逐一查看"参数设置""标准曲线""测样""元素"。点击"返回"。

(14)点击"测验",通过测验,完成学习。

(15)退出。

实验二十四　原子发射光谱仪智能仿真

一、基本原理

原子发射光谱简称 AES(Atomic Emission Spectrometry)，主要用于检测样品中含有金属元素的种类，由激发光源、狭缝、光线准直镜、光栅和检测记录器等组成。

原子都是由原子核和绕核运动的电子组成，核外电子的排布使原子具有最低能量，称为基态原子。当原子被外界足够的能量(如热能、电能、光能等)激发时，外层电子吸收一定的能量后，由基态激发到较高能级上，成为激发态原子。外层电子可激发到不同的能级，因此有不同的激发态。激发态原子是不稳定的，当它再跃迁回基态时，将辐射出不同频率的光，这种光称为光谱线。光谱线经分光处理后，用检测仪器或照相的办法，记录各种波长光谱线的存在，从而可以准确确定样品中含有的元素种类。

原子发射光谱仪的关键部件是光栅。光栅是用激光在表面上刻出等间隔平行条纹的一块晶体，它的作用与三棱镜完全相同，但比三棱镜的分光效果好。条纹越密集，分光效果越好。

一种先进的原子发射光谱仪采用电感耦合等离子体光源，这种仪器简称 ICP(Inductive Coupled Plasma)或 ICP – AES。其操作控制、谱图解析和定量分析都用计算机完成。与电弧光源发射光谱仪比较，ICP 的主要优点是抗干扰性能好、精度高、定量分析能力强、自动化程度高等。

二、虚拟仿真过程

原子发射光谱仪多媒体仿真软件包括原理、演示、仿真操作和测验四部分。原理和演示文件打开后自动播放，并配有解说和相应的演示画面。仿真操作，可完全参照演示中提示的方法进行操作。测验部分主要用来检验操作者对所学内容的掌握程度，并配有标准答案作对照。

软件操作步骤如下：

(1)打开计算机，放入光盘。打开光盘内容，进入主界面。主界面上显示"原理""演示""仿真"和"测验"4 个按纽。可任意点击，无先后顺序。

(2)点击"原理"或"演示"，可观看该仪器的原理介绍和样品分析的仿真操作方法。播放完成后，点击"返回"，回到主界面。

(3)点击"仿真"，即可开始未知样品的仿真分析过程。

(4)仪器自动初始化，校正波长。"校正波长"按钮在初始化后被激活。点击该按钮，弹出对话框，确定后，开始自动校正过程。屏幕右侧提示自动校正中，并有"手动校正"按钮进行切换。具体操作过程请参看"演示"。所有元素波长校正完成后，自动进入控制系统界面。也可在确定波长已校正的情况下，点击"跳过"按钮，终止校正，进入控制系统界面。

（5）定性分析。

1）在控制系统界面中有"定性分析""定量分析""打开文件"3个按钮，无选择顺序。点击"定性分析"，开始定性分析过程。输入样品名，点开下拉菜单，选择样品抽吸时间和最大整合时间。选中并点击盛有某一未知样品溶液的容量瓶，动画演示进样。

2）进样结束后，屏幕上显示出未知样品的全波长图，内有许多不同颜色的方块，在波长图外有相应颜色的方块闪烁，同时给出对应的定性结果。至此，定性分析就结束了。保存分析结果后自动返回定性分析"进样"界面，点击"返回"，回到控制系统。也可继续分析其他未知样品后，再返回控制系统。

（6）定量分析。

1）选中并点击"定量分析"按钮，打开分析界面。该界面中的各按钮必须按排列顺序依次点击，当前一项完成后，后一项才可被激活。

2）首先建立分析方法。点开该按钮，出现元素周期表，由于本软件以10种元素的分析为例，这10种元素在周期表中被设为黑色字体，可点击。其余元素则为灰色字体，不可点击。选择某一待分析的元素，点击。

3）在屏幕左侧方框内显示被选元素常用于分析的灵敏线波长。由于数据采集和处理工作量庞大，不易进行所有波长的分析。因此，在此仅设置前3个波长为可选波长，后面的波长虽设为不可点击，但分析方法与前三者完全相同。点击波长数据前的小方框，出现红色对钩，即选中了该波长。同时在屏幕右侧方框内显示与该波长有干扰的元素及谱线波长，按同样方法再选择其他波长。为了定量分析结果的准确，一般应至少选择2个波长。点击"确定"，返回元素周期表，按同样方法再进行其他元素和波长的选择。选择完成后，点击"下一步"。仪器将根据这些波长进行所选元素的定量分析。

4）显示所选元素、波长及该元素标准溶液的浓度。标准溶液浓度在此设为10 ppm（1 ppm $=10^{-6}$）和40 ppm，空白为0 ppm。点开"抽吸时间"下拉菜单，选择任意时间，分析方法就建立好了。点击"保存方法"，将所设置的方法保存。点击"完成"，返回定量分析界面。"进标准样"按钮被激活，点击。

5）动画显示进样过程，所配制标准溶液浓度依照分析方法中的设置。进样完成后，自动给出相关系数报告。报告中最左侧为分析方法中建立的几种元素波长，向右依次为每一波长所对应的标准曲线斜率、截距等相关系数。点击任意数据，则显示该数据所对应的元素符号、波长及该波长的标准曲线。点击"关闭"，返回报告，按同样方法继续查看其他标准曲线。点击"返回"，将回到定量分析界面。对线形关系不好的元素波长，可在"建立分析方法"或"查询分析方法"中进行修改，或重新建立分析方法，具体操作参看"演示"。

6）点击"测样"，进入测样界面。点击盛有待测元素溶液的容量瓶，开始进样。进样结束后，自动给出测样结果报告，点击任意数据，则显示该数据所对应的元素、波长及波长图。经"扣除背景"处理后，关闭波长图，返回结果报告，再依次查看其他数据。详细分析过程请参看"演示"。点击"保存"，测样结果被保存。定量分析过程完成。点击"返回"，回到定量分析界面。

7)"查询分析方法"可用来查询已建立的分析方法,或修改不合适的方法。在该界面点击"返回",将回到控制系统主菜单。主菜单中的"打开文件"可用来打开已保存的定性分析结果和定量分析结果。

（7）练习"测验"应安排在观看完原理、演示内容,并进行过仿真操作以后。这部分有 10 道题,并配有对错提示和标准答案。

附录 物理化学常用数据表

附表1　不同温度下水蒸气的压力

温度 / K	压力 / kPa	温度 / K	压力 / kPa	温度 / K	压力 / kPa
273.15	0.610 3	307.15	5.322 9	341.15	28.576
274.15	0.657 2	308.15	5.626 7	342.15	29.852
275.15	0.706 0	309.15	5.945 3	343.15	31.176
276.15	0.758 1	310.15	6.279 5	344.15	32.549
277.15	0.813 6	311.15	6.629 8	345.15	33.972
278.15	0.872 6	312.15	6.996 9	346.15	35.448
279.15	0.935 4	313.15	7.381 4	347.15	36.978
280.15	1.002 1	314.15	7.784 0	348.15	38.563
281.15	1.073 0	315.15	8.205 4	349.15	40.205
282.15	1.148 2	316.15	8.646 3	350.15	41.905
283.15	1.228 1	317.15	9.107 5	351.15	43.665
284.15	1.312 9	318.15	9.589 8	352.15	45.487
285.15	1.402 7	319.15	10.094	353.15	47.373
286.15	1.497 9	320.15	10.620	354.15	49.324
287.15	1.598 8	321.15	11.171	355.15	51.342
288.15	1.705 6	322.15	11.745	356.15	53.428
289.15	1.818 5	323.15	12.344	357.15	55.585
290.15	1.938 0	324.15	12.970	358.15	57.815
291.15	2.064 4	325.15	13.623	359.15	60.119
292.15	2.197 8	326.15	14.303	360.15	62.499
293.15	2.338 8	327.15	15.012	361.15	64.958
294.15	2.487 7	328.15	15.752	362.15	67.496
295.15	2.644 7	329.15	16.522	363.15	70.117
296.15	2.810 4	330.15	17.324	364.15	72.823
297.15	2.985 0	331.15	18.159	365.15	75.614
298.15	3.169 0	332.15	19.028	366.15	78.494
299.15	3.362 9	333.15	19.932	367.15	81.465
300.15	3.567 0	334.15	20.873	368.15	84.529
301.15	3.781 8	335.15	21.851	369.15	87.688
302.15	4.007 8	336.15	22.868	370.15	90.945
303.15	4.245 5	337.15	23.925	371.15	94.301
304.15	4.495 3	338.15	25.022	372.15	97.759
305.15	4.757 8	339.15	26.163	373.15	101.325
306.15	5.033 5	340.15	27.347		

附表 2　各种压力下水的沸点

p /kPa	t_b/ ℃	p /kPa	t_b/ ℃	p /kPa	t_b/ ℃	p /kPa	t_b/ ℃
50.66	80.9	304.0	132.9	1 013.3	179.0	2 533.1	222.9
101.3	100.0	405.3	142.9	1 519.9	197.4		
202.7	119.6	506.6	151.1	2 026.5	211.4		

附表 3　水的密度

T / ℃	ρ/(g·mL^{-1})	T / ℃	ρ/(g·mL^{-1})	T / ℃	ρ/(g·mL^{-1})	T / ℃	ρ/(g·mL^{-1})
−10	0.998 12	10	0.999 70	40	0.992 21	85	0.968 62
−5	0.999 27	18	0.998 59	50	0.988 04	90	0.965 34
0	0.999 64	20	0.998 20	60	0.983 21	95	0.961 89
4	0.999 97	25	0.997 04	70	0.977 78	100	0.958 35
5	0.999 96	30	0.995 64	80	0.971 80	110	0.950 97

注:数据摘自 *Lange's Handbook of Chemistry*(11th Ed),并按 1 atm＝101.325 kPa 加以换算。

附表 4　水的表面张力

T/℃	σ/(10^3 N·m^{-1})	T/℃	σ/(10^3 N·m^{-1})
0	75.64	60	66.24
10	74.23	70	64.47
20	72.75	80	62.67
30	71.2	90	60.82
40	69.6	100	58.91
50	67.94		

注:数据摘自 *Lange's Handbook of Chemistry*(11th Ed)。

附表 5　液体的饱和蒸气压

单位:kPa

物　质	−25℃	0℃	25℃	50℃	75℃	100℃	125℃	150℃
乙醇		1.5	7.87	29.5	88.8	224	495	976
正丙醇		0.445	2.76	12.2	40.9	113	265	545
苯	0.485	3.29	12.7	36.2	86.4	180	338	583
环己烷			13.0	36.3	85.0	175	324	553
正庚烷		1.52	6.09	18.9	48.2	106		

注:数据摘自 *Lange's Handbook of Chemistry*(11th Ed)。

附表 6 一些常见物质的溶度积(298.15K)

难溶物质	溶 度 积	难溶物质	溶 度 积
AgCl	1.77×10^{-10}	$Fe(OH)_3$	2.64×10^{-39}
AgBr	5.35×10^{-13}	$Fe(OH)_2$	4.87×10^{-17}
AgI	8.51×10^{-17}	$Mg(OH)_2$	5.61×10^{-12}
Ag_2CrO_4	1.12×10^{-12}	$Mn(OH)_2$	2.06×10^{-13}
Ag_2S	$6.69 \times 10^{-50}(\alpha)$	MnS	4.65×10^{-14}
	$1.09 \times 10^{-49}(\beta)$	ZnS	2.93×10^{-25}
CuS	1.27×10^{-36}	CdS	1.40×10^{-29}

附表 7 一些有机化合物的密度与温度的关系

有机化合物的密度计算公式为

$$\rho_t = (\rho_0 + \alpha t \times 10^{-3} + \beta t^2 \times 10^{-6} + \gamma t^3 \times 10^{-9}) \pm \Delta 10^{-4}$$

式中: ρ_0 为0℃的密度; ρ_t 为 t ℃的密度。

化合物	$\rho_0 /(g \cdot cm^{-3})$	α	β	γ	温度范围/℃	误差范围
四氯化碳	1.632 55	−1.911 0	−0.690		0~40	0.000 2
氯仿	1.526 43	−1.856 3	−0.530 9	−8.81	−53~55	0.000 1
甲醇	0.809 09	−0.925 4	−0.41			
乙醇	0.785 06[①]	−0.859 1	−0.56	−5	10~40	
丙酮	0.812 48	−1.100	−0.858		0~50	0.001
乙酸甲酯	0.939 32	−1.271 0	−0.405	−6.09	0~100	0.001
乙酸乙酯	0.924 54	−1.168	−1.95	20	0~40	0.000 05
乙醚	0.736 29	−1.113 8	−1.237		0~70	0.000 1
苯	0.900 05	−1.063 8	−0.037 6	−2.213	11~72	0.000 2
苯酚	1.038 93	−0.818 8	−0.67		40~50	0.001

①0.758 06 为25℃的密度,用上述公式计算时,温度项用 $t=25$ 代入。

附表 8　20℃乙醇水溶液密度与折射率

乙醇(质量分数)/(%)	$\rho/(\text{g}\cdot\text{cm}^{-3})$	n_d^{20}
0	0.998 2	1.333 0
5	0.989 3	1.336 0
10	0.981 9	1.339 5
20	0.968 7	1.346 9
30	0.953 9	1.353 5
40	0.935 2	1.358 3
50	0.913 9	1.361 6
60	0.891 1	1.363 8
70	0.867 6	1.365 2
80	0.843 6	1.365 8
90	0.818 0	1.365 0
100	0.789 3	1.361 4

注:摘自 *CRC Handbook of Chemistry and Physics* (77th Ed),1996—1997。

附表 9　一些常数的符号、数值和 SI 单位

物理量	符号	数值	SI 单位
基本电荷	e	$1.602\ 2\times10^{-19}$	C
电子静止质量	m_e	$9.109\ 38\times10^{-31}$	kg
质子静止质量	m_p	$1.672\ 62\times10^{-27}$	kg
真空中的光速	c,c_0	$2.997\ 9\times10^{8}$	$\text{m}\cdot\text{s}^{-1}$
真空导磁率	μ_0	$4\pi\times10^{-7}=12.566\ 37\times10^{-7}$	$\text{N}\cdot\text{A}^{-2}$
真空电容率,$1/(\mu_0 c^2)$	ε_0	$8.854\ 187\ 817\times10^{-12}$	$\text{F}\cdot\text{m}^{-1}$
普朗克常数	h	$6.626\ 069\times10^{-34}$	$\text{J}\cdot\text{s}$
里德堡常数	R_∞	$1.097\ 4\times10^{7}$	m^{-1}
阿伏伽德罗常数	N_A	$6.022\ 14\times10^{23}$	mol^{-1}
法拉第常数	F	$9.648\ 534\times10^{4}$	$\text{C}\cdot\text{mol}^{-1}$
摩尔气体常数	R	$8.314\ 47$	$\text{J}\cdot\text{mol}^{-1}\cdot\text{K}^{-1}$
玻兹曼常数	k	$1.380\ 65\times10^{-23}$	$\text{J}\cdot\text{K}^{-1}$

参 考 文 献

[1] 费业泰. 误差理论与实验数据处理[M]. 北京:机械工业出版社,2004.

[2] 武汉大学测绘学院学科组. 误差理论与测量平差基础[M]. 武汉:武汉大学出版社,2003.

[3] 罗旭. 化学统计学[M]. 北京:科学出版社,2001.

[4] 张新丽. 物理化学实验[M]. 北京:化学工业出版社,2008.

[5] 西北工业大学普通化学教研室. 大学化学实验[M]. 3 版. 西安:西北工业大学出版社,2014.

[6] 胡小玲. 物理化学简明教程[M]. 北京:科学出版社,2012.